你的情商，
决定
你的人生高度

[日] 心屋仁之助 著

胡 环 译

傷つけ合わない関係をつくる
シンプルな習慣

中国友谊出版公司

图书在版编目（CIP）数据

你的情商，决定你的人生高度 /（日）心屋仁之助著；胡环译. -- 北京：中国友谊出版公司，2019.3
ISBN 978-7-5057-4307-6

Ⅰ.①你… Ⅱ.①心… ②胡… Ⅲ.①情商 - 通俗读物 Ⅳ.① B842.6-49

中国版本图书馆 CIP 数据核字（2019）第 005063 号

KIZUTSUKEAWANAI KANKEI WO TSUKURU SHINPURUNA SHUUKAN
by JINNOSUKE KOKOROYA
Copyright © 2016 JINNOSUKE KOKOROYA
All rights reserved.
Original Japanese edition published by Asahi Shimbun Publications Inc., Japan

Chinese translation rights in simple characters arranged with Asahi Shimbun Publications Inc., Japan through Bardon-Chinese Media Agency, Taipei.

书名	你的情商，决定你的人生高度
作者	［日］心屋仁之助
译者	胡环
出版	中国友谊出版公司
发行	中国友谊出版公司
经销	新华书店
印刷	天津中印联印务有限公司
规格	880×1230 毫米　32 开 7 印张　116 千字
版次	2019 年 3 月第 1 版
印次	2019 年 3 月第 1 次印刷
书号	ISBN 978-7-5057-4307-6
定价	45.00 元
地址	北京市朝阳区西坝河南里 17 号楼
邮编	100028
电话	（010）64678009

前言

各位亲爱的新读者、老朋友，感谢您们垂青、阅读此书。

我是心理理疗师心屋仁之助。

承蒙大家厚爱，已经出版的《简单习惯让你告别心力交瘁》和《轻松打造不服输精神》累积销售超过三十万册，本书是"轻松系列"的第三部。

虽然说是"轻松系列"的第三部，但是大家不必担心，即便没有阅读过前两本书，也不会影响到本书的阅读。

在我开始筹划本书选题时，曾经犹豫不决，不知该从何入手，茫然中突然想起现实生活中很多人为之苦恼的一件事，那就是我们常常莫名其妙地和心中非常在乎的人产生矛盾，引发争吵。

父母、孩子、恋人、丈夫、妻子、敬重的领导、器重的部下、知心的朋友……这些都是我们放在心中重要位置上的人，本应多加尊重，多加关爱，亲密相处才对，结果却往往对他们疾言厉色，导致关系紧张。

• 两个人明明彼此深爱，却总会发生争吵。

• 想着要好好对待父母，结果见了面，因为一言不合就吵起来。

• 对某个下属抱有很高的期待，并且不遗余力地提携他（她），可是与他/（她）相处起来总觉得不融洽。

• 无条件地爱着自己的孩子，愿意为他（她）付出一切，却总是控制不住地训斥他（她），给他（她）留下心灵的创伤。

总之，**"明明想的是要珍爱在乎的人，却总是事与愿违"**，**"莫名其妙地就陷入了毫无意义的争吵"**……诸如此类的烦恼层出不穷。

老实说，我也同样会有这样的烦恼。

成为心理理疗师后，我写了不少为人解惑的心理书籍，也在成百上千人面前做过心理讲座，可是即便是这样的我依然还会与在乎的人争吵、冷战。说到底，还是自身心理不够成熟。

在以前的书中我曾提到过，我离过一次婚。其实，当时选择做心理理疗师，有工作上的原因，家庭问题也是一个重要的方面。

学习、研究心理学，最终成为一名心理理疗师，倾听了许多人的困惑和烦恼，为他们做了分析、提了建议。如今，我觉得自己多少要比以前做得好了。

倒不是说如今和的妻子一次架也没吵过，其实我们之间也有过吵闹，详细的情况我将在本书的相关章节中细说。说实话，即使现在，我们还会偶有矛盾。

朋友之间，上下级之间，亲子之间，恋人、伴侣、夫妻之间，本是最亲近、最和谐的关系，也往往发生矛盾和争吵，伤人又伤己。

这样的情况，在我们的周围屡见不鲜。

每天朝夕相处，在不可预知的生活和工作中，有时候无意中就会伤害到对方，有时候不管怎么防备，还是会不可避免地受到伤害。

最重要的是接下来我们应该怎么做。

不管是你伤害别人，还是你被别人伤害，这种"互相伤害"是令人遗憾和伤心的。

无论是伤害还是被伤害，我们首先而且必须要做的是努力停止"互相伤害"。

在职场上，我们希望与敬重的领导或器重的下属构建和谐、默契的关系，提高工作效率，做出令人瞩目的成绩。

在家庭中，我们非常珍视父子、母子缘分，希望能与父母、孩子和睦相处，享受温馨和幸福。

面对深爱的恋人，我们希望能停止、避免一些影响感情的无谓争吵，两个人彼此关爱，共享甜蜜。

面对携手走入婚姻殿堂的丈夫或妻子，我们希望两个人能在柴米油盐的生活中彼此恩爱，相濡以沫。

我相信，不管一个人在职场、亲子、伴侣关系上面临多么大的问题，不管他（她）把这些关系处理得多么糟糕，但是他（她）的内心深处依然会有这样的希冀和期盼。

我也相信，在发生冲突和争吵时，不管一个人多么地"烦躁""生气""厌恶对方"，但是他（她）内心里希望的依然是与对方和睦相处，彼此体谅和善待。

有的人希望与周围的人和平相处，有的人希望与重要的人搞好关系，有的人希望做到珍爱在乎的人，还有的人希望摆脱"明明相爱，却总会争吵"的困境。

这本书就是专门为有这些需求的读者传授相处之道的。为了让大家能够与自己在乎的人更加亲密，为了帮助大家营造一个与人和平相处的放松环境，我选择了"提高情商，构建和谐人际关系"这一主题。

衷心希望此书能够给大家带来帮助和启发。

2016 年 9 月

心屋仁之助

目录

前　言 1

第一章　打造和谐人脉的关键，就是提高情商 1
没有理解，再好的关系也会出现危机 3
获得理解为什么就那么难? 7
你的想法，不等于别人的看法 11
大胆沟通，凡事必须说出来 14
正确表达情绪，这点很重要 17
看清内心真实的想法 22
别让不好意思害了你 27
总结 31

第二章　提高情商，轻松化解职场冲突 33
摆脱"领导不看好我"的思维误区 35
主观臆想，害了多少职场人 39

提出希望，帮助你迅速达到目的..................42
缺少坦白，最后一定会吃亏..........................45
换位思考，多考虑他人的立场......................47
正确地看待反对意见......................................50
宽容对待人与人之间的差异..........................54
周围的声音，是了解自己的契机..................56
处理好旧伤，才能实现自我突破..................59
摆正心态，正确对待工作中的不如意..........63
总结..67

第三章　提高情商，轻松拉近亲子关系..........69

孩子对父母的期望，是产生问题的关键......71
摆脱"反正……"的固化思维......................75
原谅父母的无心之语......................................79
释放压抑，解除身上的"情绪炸弹"..........82
提出期待，从此停止互相伤害......................86
学会吃亏，不与父母计较得失......................89
宽恕过往，勇敢建立新的关系......................92
客观看待问题，别让情绪左右你的看法......95
父母有错，不能将错就错..............................98
把焦虑强加给孩子，酿成了多少家庭悲剧......102
强行改变孩子不如主动改变自己................107
记录情绪，让你豁然开朗的好方法............111

总结 115

第四章　提高情商，轻松改善亲密关系......... 117
担心不被爱，是亲密关系中最大的误区......... 119
你不必塑造完美的形象.............................123
放弃无谓的自我牺牲................................127
做自己，只要彼此适应就无妨....................129
你的爱人，就是你的另一面.......................132
坦然接受不足，才能关系和睦....................135
改变自己的性格，让双方更幸福.................138
可以寻求共鸣，但不可妄加揣测.................143
学会相互确认理解偏差.............................146
毫无保留的坦白，有助于消除不必要的误会...149
勇敢行动，才能带来新体验.......................154
总结 157

第五章　所谓情商高，就是会说话............ 159
平息怒火的一句话——算了，算了!............161
终结猜疑的一句话——他只是没有这方面的经验...164
自我纾解的一句话——你呀，就是个不会处理怒火的笨家伙 ...167
激发改变的一句话——我不要再做"好人"......171
消解疑问的一句话——这是怎么回事?..........175

3

总结 ………………………………………… 177

第六章　你的情商，决定你的人生高度 ……… 179
　　不可妄自菲薄，拒绝"下位"思想 ………………181
　　以"必定……"的信念指导自己的行动 ………185
　　表达真实心声，消除情绪郁结 …………………189
　　放弃无法转变的思维，事情就会有转机 ………192
　　不要被定势思维束缚 ……………………………195
　　相信爱的真实存在 ………………………………200
　　用心体会眼前的幸福 ……………………………203
　　总结 ………………………………………… 206

后　记 …………………………………………… 209
　　心屋仁之助 ………………………………………213

第一章
打造和谐人脉的关键，就是提高情商

人生就是一张错综复杂的关系网，比如"尽量与同事和平相处"的职场关系、苦于"希望与母亲亲密无间，却总也无法达成心愿"的亲子关系、"明明相爱，却总会争吵"或者"不想再进行无谓争吵"的伴侣关系……不管处于何种关系，很多时候我们都想营造一种"不想互相伤害"的和平氛围。

本章节，我们将围绕"明明不想互相伤害，却为何总是事与愿违？"这一根本问题展开讨论。

没有理解，再好的关系也会出现危机

　　选择此书的读者，想必很多人都遭遇到了下列人际关系的困扰吧。

　　• 并不是讨厌部下这个人，无意中却总会对他（她）严苛以待。虽说本意是为了促进对方在工作中尽快成熟起来，但是如果不能将自己的这番苦心准确无误地传达给下属的话，未能很好完成工作的他（她）势必会产生抗拒心理。如此一来，自然就陷入争论、非议的恶性循环中。

　　• 母亲稍一唠叨，自己就心生怒火，忍不住极力反驳回去。过后，也不是不懊悔："唉，自己都这么大人了，怎么还如此幼稚呢？"可是，一旦到了某个时候，却又控制不住自己，再次犯了不该犯的错。

- 明明非常爱他（她），不时憧憬着两人共度此生的美好将来，可是一旦吵起来就没完没了，陷入不停的哭闹、指责中，几个小时都难以停歇，结果，弄得深爱的两个人身心疲惫。

- 夫妻之间争吵不断。当初那么相爱、带着执子之手与子偕老的信念走进婚姻殿堂的两个人，却在柴米油盐的生活中慢慢变得因为一点鸡毛蒜皮的小事就闹得不可开交。

总之，就是这样一种状况：

没有珍视重要的人，伤害了不想伤害的人，还因此耗费了大量的精力。

说起来实在不好意思，我也是这样的人。有一次正跟妻子拌着嘴，我心中突然冒出些疑问："为什么吵？为了什么吵？根本原因到底在哪儿呢？"我试着分析起来。

就在那时，我明白了：看上去争吵的理由很多，指责对方的话也很多，但究其原因，只有一个。

虽然只有一个原因,但我此时在写出它的这一瞬间,竟然感受到心间钻出的丝丝惧意。

实在是这个根本原因让人感觉太不好了。

这个唯一的根本原因其实就是一种执念——**"为什么就不理解我呢?"**。如果用一句话简单概括的话,那就是:

争吵就是拼命地向对方灌注"为什么就不理解我呢?"这一执念。

"我觉得那种方式很奇葩!",当你这样极力地反驳领导时,其实就等同于变相地质问领导:"为什么?为什么就不能理解我的想法和做法?!"

当你对丈夫(妻子)说:"你总是这样!为什么就不能给我打个电话,哪怕是发个短信也好?",其实你内心深处真正愤怒的是"为什么体会不到我的愁苦、悲伤和担心?"

"为什么就不理解我呢?"这一执念,其实就是**"希望对方理解自己"**的一种期盼,甚至说是一种**"想要互相理解"**的美好愿望。人呢,就是太过于希望对方理解自己了,才会做出互相伤害的事情。

当你"想要建立一种不会互相伤害的人际关系"时，希望大家首先想到我上面提到的这一点。

获得理解为什么就那么难？

期待被人理解，却总也无法得偿所愿，这是为什么呢？

在这里，我想给大家从结论开始往前推导。一开始就说出结论，或许读者就不会再阅读我的书了，但是我还是要明确地告诉大家，这个结论就是"因为对方是他人"。

这到底是怎么一回事呢？听我慢慢分析。

以我的家庭生活为例。我妻子是一个不爱撒娇的人，呀，不，倒不如说她几乎从来没对我浪漫过。

妻子不爱撒娇，这对一个男人来说可以说是幸事，但话说回来，说实话有时我也会觉得有点失落，不免会在心里不满地嘀咕:"好歹偶尔也有点小情调,稍微撒撒娇嘛。"

或许这就跟对待宠物的心态差不多。比如说你养的猫,你喜欢它跳到你的膝头上玩耍,但如果它一直在你身上蹭过来蹭过去,又会让你觉得是个负担。不过,话虽如此,当它"蹭"地跳到你膝头上撒娇卖萌时,你满心都是欢喜。

刚才说到我妻子是个不爱撒娇的人,但是结婚前她还是会偶尔撒撒娇的。然而,结婚后突然就和撒娇彻底无缘了,以致于我常常心生疑惑:"属于她的女性的'娇柔'哪里去了?"有时我就想大概是留在了娘家没带来。估计大家听我这么说,会忍不住笑出来。

于是,前几天我就试着问了问她。我说:"你怎么就不能对我撒撒娇呢?"

听了我的话,妻子露出一副吃惊的表情道:"我一直在撒娇啊!"

这真是个出人意料的答案,我不禁脱口问:"什么?你一直在撒娇?"

妻子不解地看着我说:"哎?不是吗?我什么也不用

管,每天在家里闲待着,这不就是最大的恃宠而骄吗?"

我彻底震惊了。也就是说,我认为的"撒娇"与妻子对"撒娇"的理解是截然不同的。

我所说的"撒娇"就是类似于"带人家出去吃饭嘛!""老公,我想要那个!"这种娇声娇气的央求。

然而,妻子却认为"可以什么也不干,每天舒心地待在家里""两个人在一起时,不必费心讨老公欢心"就是对丈夫的"撒娇",也就是说,她觉得"随心所欲""放松安逸"就是在恃宠而骄。

可见,我们俩对"撒娇"行为的理解有多么大的差别!

是啊,我和妻子只不过是对"撒娇"行为的理解有偏差而已,我却一直心存不满,忍不住抱怨"我希望你更加依赖我,可是你怎么就不能理解我这份苦心呢?";明明妻子一直全身心地依赖着我,我却……这,就是误解和理解偏差啊。

同理,在其他事情上也会出现这样的误解和理解偏差。

所以，当你抱怨"别人不理解"你时，尽量静下心来告诉自己"冷静，冷静，或许并不是别人不理解我，可能只是彼此的看法不同而已"。如果你能做到这一点，那么应该能够意识到自己的抱怨是错误的。

我是我，妻子是妻子，你是你……每个人都是独立的个体，每个人有每个人的想法，你必须深刻地领会到这一点。我认为这是最重要的。

你的想法，不等于别人的看法

我们接着前面的话题继续讲。如果我不是直接对妻子说"你从来不对我撒娇呢！"而是自己憋在心里生闷气，愤愤地抱怨："这个女人怎么如此不解风情，都不知道对着我撒撒娇！"那么大家可以试着想象一下又会是一种什么情况呢。

我们假定这样一个场景，我考虑到妻子平日比较辛苦，诚心向她发出邀请："我们出去吃一顿吧！"而妻子却回应说："在家随意吃点就好啊。"

在不明白妻子认为"随意自在就等于撒娇"的情况下，我必定心里会失落、受伤，会忍不住多想："怎么能这么无情地拒绝我的一番心意?""难道就这么不想和我一起出现在公众面前吗?"说不定有的人还会更加悲观,甚至在心里暗暗猜疑:"她不会是已经不爱我了吧?"

或者,你只看到妻子安闲地待在家里,而丝毫没有意识到这是她对你最大的信赖和依靠,在这种情形下,说不定你会心生不满:"这么懒散,就不知道为我做点什么吗?"也说不定会担心地想:"这么慵懒,是不是身体出什么状况了?"

也就是说,当对方没有做出自己所想象的"撒娇"行为时,人们往往仅仅凭借这一点,就开始拼命地在自己身上、在对方身上探究原因。

这还真是令人啼笑皆非的误解和理解偏差。

总之,不管是夫妻之间、亲子之间,还是朋友之间发生了什么矛盾,那些吵闹、争论以及指责,很多情况下只是一些纯粹的误解和理解偏差而已。

所以,当你心怀不满时,不要强行从自身、从对方身上探究原因,试着告诉自己:"或许这只是一场误会,只是看法有所不同。"

这样,说不定就能找到真正的答案了。

大胆沟通，凡事必须说出来

前文已经讲到，之所以期待被理解却总也无法得偿所愿，一言蔽之就是因为对方是"他人"，也就是说每个人的思想、价值观、对事物的理解和接受等等都是各不相同的。

在此，我想告诫大家的是：**如果你想得到别人的理解，务必谨记"凡事必须说出来"**。

经常会有人自以为是地认为"即使不说，别人也会理解的"。不对，这种思想是极其错误的。当然，不可否认生活中也的确存在"不言自明"的情况，但那必须是面对特定的人，在特定的条件下才可能出现的事情。

大家切记：即便是你亲近的人、重要的人，或者尊敬的人,每个人的考虑、思想也是完全不同的。

既然思想因人而异,那么你不明确说出来自己的想法就难以得到对方的理解和认可,所以不开口是绝对不行的。

比如,随着你与恋人的相处越久,话可能越来越少,这是因为你觉得"和他(她)待在一起很安心",你认为"你们的亲密程度已不需要没话找话说"了。

你对下属严格要求,是因为"对他(她)抱有很高的期待"。

你不厌其烦地教导孩子应对生活中的各种问题,是因为"他(她)是你心中最在乎的人,你不想等他(她)长大了遭遇苦难"。

总之,你做的一切都是源于对他(她)的爱,初衷都是为了他(她)好。

可是,很多时候,隐藏在你这些言行举止背后的真心和爱意并没有准确无误地传达给对方,而是遭遇到了歪解。他们或许认为你的"沉默不语"代表着"不爱他(她)",你的"严格要求"意味着"刁难",你的"各种提醒"是对他们的"不信任"。

对，就是这样一种结果，对方并没有体会到你的好心，没有感受到你的爱意。

满含好心和爱意的行为，却被曲解成了恶意和刁难，这是多么令人痛惜的残酷现实啊！

所以，最重要的就是"凡事都要说出来"。

因此，当你感觉"和在乎的人的关系有所僵化"时，不妨回忆一下，试着问问自己：我有没有把那些行动背后的真正想法、好心和爱意明确告诉了对方？

不过，大家也要学着接受另外一种现实，有的时候不管你是多么为对方好，不管你是多么爱对方，可他（她）就是认为你做得不对。这也是没办法的事，毕竟世界上并不存在"我这是为你好，所以你要接受""这是我对你的爱，所以你必须接受"的道理。

正确表达情绪,这点很重要

"正确表达情绪"非常重要。如果忽视了这一点,有可能引发意想不到的口角之争。

因为,听了你说的话,有的人也许不会在意,有的人可能就会觉得"这人怎么说话这么难听!""这人真不会说话!"

那么,怎么算是"措辞不当"呢?

比如,在日常生活中,我们经常能听到这样的事:丈夫忘记了妻子的生日,结果就遭到了妻子的抱怨:"你怎么连我的生日都能忘了?"可是,大家想过没有,就是因为这一句"你怎么连我的生日都能忘了？"妻子的愤恨、委屈就不可能得到丈夫的理解。

同样的道理，如果妻子说："至少你还记得我的生日。"结果亦是如此。

为什么这么说呢？我们不妨静下心来分析一下：其实，妻子的本意并不是质问丈夫"为什么忘了我的生日？"，而是想传递给丈夫一种感受——你连我的生日都记不住，说明你心里根本就没有我，所以我很伤心。

如果妻子直接将自己的这种感受讲给丈夫听，或许丈夫马上会安慰妻子说："哪有，你想多了，在我心里你是最重要的！"或者丈夫会给妻子一个惊喜："其实，我一直准备着周末好好为你庆贺生日的！"也有可能丈夫会脱口而出："啊，今天生日？不是明天吗？"

说到这，可能有的读者又会情不自禁地苦笑起来：搞混日子也是不行的啊，妻子马上会接上话来："什么？竟然连日子也能记错？！连我的生日都记不住，你还有什么好说的，这充分证明你根本不爱我！"

然而，我必须申明的是，"如果心中有爱就不会记错日子"是一种错误的思想观念。因为"记忆准确"和"牢记在心"并非等同于"爱"。

大家试想一下，那些欺骗女性感情的渣男，哪个不是记得住生日、时不时送点小东西、满嘴的甜言蜜语，将人哄得团团转。记得住生日和真爱并没有必然的联系，有的人心中充满了对妻子的爱，但的确也会因工作繁忙等原因忘记或搞混了妻子的生日。

对生日的重视程度因人而异，有的人非常看重过生日的仪式感，有的人则淡然处之。

所以，不能仅凭自己的思想和价值观来衡量生日的重要性。

正因为你使用了把自己对待生日的思想强加于人的措辞，所以才令对方产生了"说话怎么这么不中听"的感觉。

也就是说，"你怎么连我的生日都能忘了？"这句话带有浓浓的"本不该忘记"的谴责之意，所以才会让人听了不舒服。

那么，怎么才能做到"正确表达情绪"呢？

借用心理学的观点，"正确表达情绪"就是把自己的感情传达给对方。

比如，上文提到的关于生日的话题，如果妻子说的不是"你怎么连我的生日都能忘了？"，而是"你忘记了我的生日，我很伤心"，或者说的不是"至少你还记得我的生日"，而是"你还记得我的生日，我太高兴了"，那么大家体会一下传达出来的语感会有什么不同。

也就是说，这样的表达已经不单单是"生日"这个话题的事了，而是"情绪"和"感受"的传达，这样才能促使对方的共感和反思。

同理，在日常生活中，大家不要冲口而出：

"必须按我说的做！"

"为什么你就不能听妈妈的话呢？！"

"为什么不遵守约定？"

而应该学会说：

"你没按我说的去做,我觉得很遗憾。"

"你不听妈妈的话,妈妈心里很不安。"

"你没有遵守约定,我很难过。"

像这样,虽然说的是同一件事,但不同的措辞会给人带来不同的感受。

因此,奉劝大家,当你与最在乎的人发生矛盾甚至争吵时,最好冷静下来回忆一下自己说过的话,反思一下是不是自己"措辞不当"。

而且,还应该认真思考一下自己"是否正确地将自己的感受传达给了对方"。

顺便提一下,当你自认为已经充分表达出了"自己的感受"时,也有可能并不能得到对方的理解,甚至反倒引起对方的愤怒和指责。关于这个话题,稍后我会给大家做详细的分析。

看清内心真实的想法

接下来，我给大家分析一下人"为什么会措辞不当"。

我还是先告诉大家结论，那就是"连你自己都没有看清内心的真实想法"。

大家可以试想一下，如果连你自己都不知道"自己真正的想法"，或者连你自己都说不清楚"到底希望别人对你的哪种心情感同身受"，那么你又怎能要求别人的所作所为如你所愿呢？因此，在这种情况下，别人根据自己的理解和感受说出的话以及做出的回应很有可能就不是你想听到的、想得到的。

说到这里，我想起了发生在我的一个男性朋友 A 和他女儿之间的故事，说出来给大家听听。他女儿上小学三年级。有一个冬天的早晨，眼看着就要到上学的时间了，可那个小家伙磨磨蹭蹭地就是不愿换衣服，而是一个劲儿地嚷着"冻死了！冻死了！"，站在那里一动不动。

A 就问她："是不是不想上学？"

"冻死了！冻死了！"

"身体不舒服吗？"

"冻死了！冻死了！"

……

反正，不管爸爸问什么，女儿只会回答"冻死了！冻死了！"

一来二去，爸爸就有点焦躁了。

"你到底想要爸爸怎么做？"

可是，小家伙还是回答："冻死了！"

不过，爸爸并没有表现出自己的焦躁和不耐，而是冷静下来，暗自在心里揣测起来："哎呀，这小家伙到底想要干什么？是不是有什么话不好意思说出口，想借用这种任性的小行为达到目的？如果是这样的话，她到底希望我怎么做呢？"突然，爸爸茅塞顿开："难不成小家伙是在撒娇？！"

于是，A马上付诸于行动，伸开双臂说道："来，宝贝，爸爸抱抱！"听了爸爸的话，小家伙没说什么，但迈开腿儿朝爸爸走来。爸爸紧紧抱住小家伙，宠溺地说道："哎呀呀，你这个小可爱啊！"没想到，小家伙又娇声娇气地嚷嚷起来："冻死了！冻死了！"

妈妈也走过来抱了抱她，小家伙在妈妈怀里露出甜美的笑容。可能是心情舒畅了，接下来虽然爸爸妈妈没再管她，但她自己主动换了衣服、吃了早餐，如常地出了家门。

如果这小姑娘一开始直接对妈妈说："妈妈，抱抱！"可能就不会有接下来的那些小别扭了，可惜一开始连她自己也没意识到自己心里真正想的就是"想让爸爸妈妈抱抱"。对一个已经上小学三年级的小姑娘来说，"只是想让妈妈抱抱"这样的想法有点难为情了，所以连她自己也没能及时意识到自己内心深处的真实想法。

然而，我们必须认识到，这样的事情不只是发生在小孩身上，大人同样也会有看不清自己内心的时候。

当我们对某项工作产生诸如"难以做到""太难了"此类的抵触心理时，或许只是因为"害怕失败"。可是，就像小孩子觉得"想让妈妈抱抱"这样的心理有点羞于启齿从而没能意识到自己的真实想法一样，此时的我们也没有意识到自己心里真正想的是"害怕失败"。

再比如，我们经常会听到妻子埋怨丈夫说："为什么就不能帮我做点家务呢？"同样，在这句埋怨的背后隐含着妻子内心深处的真实想法——想让你再宠爱我一点。只不过是妻子没有意识到自己心里真正想的是"想让丈夫再宠爱自己一点"，茫然间借用了要求分担家务这一具象化的外在语言来释放内心的情绪。就像那个小姑娘一样，自己都觉得这种想法有点不好意思，从而根本就没有往这方面去想。

所以，当你感觉到与最在乎的人有意无意间总是在互相伤害，并为之苦恼时，请认真思索一下自己内心深处"觉得羞耻而未能意识到的真实想法是什么"。

人往往很难认清自己内心深处的真实想法。有时候虽然意识到了,但因为这样那样的心理不愿承认,甚至有意无意地避开,如果是在毫无头绪、情绪不稳的情况下,就更不可能听到自己的心声了。

别让不好意思害了你

很多时候,我们虽然认清了内心的真实想法,却无法说出口。

比如,在争吵的过程中,当我们冲口说出"为什么就不理解我呢?"这句话时,假定对方回应说"那么,你说吧,你想让我怎么理解你,理解你什么?"。

听到这句话,我们可能会莫名地忽然不想再继续交流下去了,哪怕此时我们已经确认了内心的真实想法是"害怕失败""想让你更加宠爱我一点"……

为什么会出现这样的情况呢?

这是因为我们内心的真实想法太没气势、太让人难为情了，因此，无法轻易地说出口。

也就是说，你吐露心声的那一瞬间，就意味着你在这场争论中败下阵来，就等于你在向对方示弱，在向对方表白"我喜欢你"。

这是一种超难为情的"主动认输"。

当你与上司发生冲突，说出"为什么就不理解我呢？"的不满时，实际上是满含了"希望能理解我的做法和策划"的期待，再进一步说，其实就是"希望能够得到上司的认可"。

当你与心爱的人起了争端，要求他（她）"好好考虑一下两个人的将来"时，其实你想的是"如果你把我放在心上，自然就会认真考虑我们的未来"，其背后隐藏的"想让你多爱我一点"的想法才是你真正的心声。

当你对妻子说"不要再喋喋不休地说孩子的事情了"时，其实是在向妻子传达"我这么疲累，你不要不顾我的感受，自顾聒噪个没完"的情绪，往深层里讲，就是你"希望妻子能体贴你,温柔以待"。或者也可以说是向妻子传达"现在工作正处于紧要关头,你再怎么叨叨孩子的事情,我也无暇顾及"的感受,隐藏在这种情绪和感受背后的是"恐惧"和"不安",恐惧"丢了工作怎么办",还有一想到"工作的烦心事"和"孩子的将来"就会油然而生的"不安"。

可是,要将隐藏在这些所有情绪背后的"内心真实想法"和盘托出,还真是让人难以启齿,因为"说出来就输了"的思想在作祟。

因为不想说出来,因为感觉羞于启口,最终往往止步于"大家一般都是这么做的吧"的"常识论"。

或者是"上司理应倾听下属意见"的"应该论"。

或者是"交往一年了,考虑考虑将来不是正常的吗?"的"一般论"。

再或者是"我一个大男人,怎么能因孩子学校的琐事而牢骚不完?"的"不可能论"。

在"说出来,就输了"的思想下,越不想吐露心声越说不出口,慢慢地,内心的真实想法就被彻底地压在了这些

"常识论""应该论""一般论""不可能论"之下了。

不得不说，人，还真是一种令人难以捉摸的生物。

总结

◎ 争吵的唯一原因就是一种执念——"为什么就不理解我呢?"进一步说就是"希望对方理解自己"的一种期盼。

◎ 正是因为彼此对"撒娇行为"的理解不同,所以才会产生误会。切记,每个人都是独立的个体,在价值观、对事物的认识等方面存在差异。

◎ 当对方的举止行为与自己的预期不同时,不必强行从自身探究原因。

◎ "不言自明"的思想是错误的,因为对方和你是具有独立思想的个体,在思想、价值观等方面都有差异。把自己的情绪和感情准确无误地传达给对方才是最重要的。

◎ 当感觉到彼此的言语是在互相伤害时,冷静下来思考思考是否因羞于承认而忽略了什么,用心倾听一下自己的心声。

第二章
提高情商,
轻松化解职场冲突

在职场上，越是受敬重的上司和被器重的下属之间越容易发生冲突，而且，彼此过后都会懊悔不已，暗暗自责"唉，真不该跟领导那样说话"或者"我要是换一种方式指出他（她）的问题就好了"。如果真是彼此相看两厌、互不服气的关系倒也罢了，大不了以后敬而远之就是了。但是，正因为是自己敬重的领导，正因为是自己器重的部下，才会在争论过后如此懊恼，如此不安。

那么，如何才能营造融洽和谐的职场关系呢？

本章，将就此问题为大家逐一分析并提供一些建设性的意见。

摆脱"领导不看好我"的思维误区

在工作单位中,你有比较在乎的人吗?

这些人可能是你敬重的上司、器重的下属,也可能是关系比较好的同事,或者是关系虽然还没这么亲近,但起码你"希望尽量与他(她)和平相处、相安无事、稳定顺利地开展工作"的一些人。

可是,明明是这样亲近的关系,却往往频起争端,乃至气急败坏、恼羞成怒地喊出:"你为什么就不理解我呢?!"

曾经有一位年轻人来找我倾诉。他说,每次因一些无关紧要的工作上的小事跟上司发生点不愉快,他总会忍不住给上司发送一封看似解释却在字里行间中充满牢骚抱怨的邮件，过后又会后悔自己如此冲动。他为此苦恼不已，于是便来咨询："老师，你说我为什么总是控制不住情绪而发这种感觉像是要恩断义绝的邮件呢？"

面对他的困惑，我问道："你是不是觉得领导不看好你？"听了我的话，年轻人恍然大悟般连连点头："啊？对，对，就是你说的这种感觉。"

这里，我们首先要分析的是，这个年轻人感觉"领导看他不顺眼"，是否果真如此呢？

其实，很多时候，这纯属个人的一种错觉，只是下属想当然地"感觉""相信"，甚至是武断地认定"领导看我不顺眼"。

也就是说，"一定是不看好我"的这个"一定"是个人的误解、错觉。

于是，我又接着问他：

"其实，也并非是领导不看好你，或许反倒是器重你才对你如此严格要求呢。所以，你有没有想过，有可能只是你自己单方面地强烈认定'领导一定是看我不顺眼'。"

听了我的问话,年轻人迟疑了一下,慢慢说道:"啊,这,或许吧。"

对,就是这样,**问题的根源就在想当然的"一定是……"的思想上。**

因为"一定是不看好我"这种先入为主的思想在你脑子里扎下了根,所以,领导稍微对你严格要求一点,你就会想当然地往那方面去想,"看吧,就是看我不顺眼吧"。

很多时候,可能只是领导赶时间说话直接了一些,也有可能纯粹是那天情绪不高说话严厉了一些,可是你听了,偏偏就武断地认为是"领导看我不顺眼"。

有的时候,可能只是谈着谈着工作正好到了吃饭的点儿,于是领导随口邀请下属一起吃午餐,可是你看了,就又在心里犯嘀咕:"看吧,看吧,就是看我不顺眼,就看那个家伙好。"

就这样,在"一定是不看好我"这种想当然的"一定"思想的支配下,不管领导说什么做什么,你总会不由自主地往坏的一面去想。

所以，大家切记，如果你想轻松愉快地度过工作时间，**务必摒弃"一定是看我不顺眼"的"一定是……"这种武断的思想。**

如果能够时刻告诫自己遇事不要武断、不要想当然，端正思想和态度，试着以"领导比较看重我"的心态与领导相处，那么你一定能从"领导不看好我"的臆想世界中走出来。

主观臆想，害了多少职场人

一旦职场上的人际关系不融洽，人往往会产生一种抵触心理，厌恶"上班"，哀叹"怎么偏偏就自己这么倒霉，这么时运不济"，甚至"想要辞职"。

当你感觉到自己如此愁苦悲观时，那么就要意识到"一定是……"的主观臆想已经入侵了你的思想。

就像前面提到的那个想当然地认为"一定是领导看我不顺眼"的年轻人一样，你的心中也出现了"一定是……"的主观臆测，而且这种消极的思想牢牢占据着你的心田，误导你凡事都朝着负面的情绪不断沦陷。

例如，想必大家多多少少都曾有过下面这样"一定是……"的主观揣测。

- 一定是打心眼里看不起我。

- 一定是不喜欢我。

- 一定是认为我没这个能力。

……

总之，自己笃定别人"瞧不起我""讨厌我""小瞧我"……

在这种思想的驱使下，工作上稍一被领导提点，就想当然地认为是"领导根本看不上我"；听着同事的安慰，心里想的却是"不知私底下怎么嘲笑我呢"；下属只不过看了自己一眼，就敏感地认为"用这么同情的眼神看我，反正就是觉得我没能力罢了"。

总之，就是自己用一个消极的"反正"一词武断地认定自己是"被人看扁的人""令人讨厌的人""没有能力的人"。那么，大家试想一下，在这种思想的限定下，你的人际关系怎么可能和谐、融洽？

因为，错误的主观臆想必然导致错误的行为。

根据上面的分析，大家可以思索一下自己心中的"一定是……"的主观臆断具体表现在哪些方面，又该如何改正?

提出希望,帮助你迅速达到目的

我们重新回到刚才那个想当然地认定"领导看我不顺眼"的年轻人的话题上来。

我问他:"那么,你觉得领导怎么做才算是对你的认可和器重?"

年轻人是这么回答的。

"分配任务时,如果能添上一句'拜托了'什么的,客客气气地下达指示和命令,就不会让下属觉得不被重视;就算是事情比较紧急,但若能说上一句'没时间客套了,我就直接下命令了'之类的话,也就不会让下属误认为自己不被认可了。"

不错，这倒是个基本让人满意的答案。年轻人明确表述出了领导如何做才能给他带来被重视、被认可的感觉。然而，领导并没有像他希望的那样做，所以导致他产生了"一定是不看好我"的负面情绪。

我又接着问他："那么，这些心里话，可曾向领导提起过？"他回答说："从未说过。"

那么，问题就来了，也就是说，你不说出来，自己再怎么生闷气发牢骚，领导也不会了解你的感受和希望。

领导经历的时代、成长的环境皆与年轻的下属不同，所以只有你明确告知他后，他才会意识到自己言行中的不妥，才能理解你的感受。同样的，领导用他自己的方式表达对下属的器重，因为没有明确说出来，所以下属也未能体会到领导的苦心和重视。

作为领导，也应该具有这样的"意识"。

"领导只是加上一句'辛苦你……'，就会给下属带来截然不同的感受。"

"之所以简单直接地下达指示和命令,只是因为任务比较紧急,并不是不把部下放在眼里,如果领导不把这样的想法明确说出来,就会让下属产生误解。"

从这个年轻人的例子上,我们可以总结出以下经验教训,那就是:不管是领导对下属,还是下属对领导,当感觉到心中的不满或不安越来越强烈时,一定要反思一下自己是否将"希望你能……"的想法具体、明确地传达给了对方。

作为下属,不仅要让领导了解你"希望得到认可"的心愿,还要让领导明白他具体怎么说怎么做才能让你感受到被认可、被重视。

奉劝大家,一定要尝试这样去做。

(※ 不过,最后还要提醒大家一句,有时候尽管你这样说这样做了,但未必一定能得到自己想要的结果。大家也要做好这样的心理准备。)

缺少坦白，最后一定会吃亏

上一节我们讲到，向对方"明确、具体地提出自己的希望"非常重要。

然而，日常生活中，我们很难做到这一点。有时候，心里强烈地"想要具体告诉对方希望他（她）怎么做"，可是话到嘴边却怎么也说不出口，也就是说根本无法说出自己的心里话。

这又是因为什么呢？

这是因为自己给自己找了一个"不能说出口的理由"。

比如，上司对部下纵然有所不满却始终保持沉默，是认定"一旦说出口，自己肯定会被看作是一个心胸狭隘之人"。

部下犹豫再三，最终还是没有对上司坦承心里话，是认定"一旦说出口，自己肯定会被看成是一个不能顾全大局的人"。

怎么也无法对同事坦白内心真实的想法和希望，是认定"一旦说出口，自己肯定会被攻击、被冷遇"。

……

于是，你自己臆造的这些不安、恐惧，在虚荣、明哲保身的思想下，最终化为"不能说出口的理由"，将你的心里话和希望深深地压在了心底。

然而，明明是你自己给自己找了一些理由，而未将心里话和希望明告对方，可是你又心存不甘，对这样的自己憋着一股怨气，继而又对一无所知的对方耿耿于怀。

你自己瞻前顾后而未能说出想说的话，却又对自己、对别人心生怨气，这分明是你一个人的独角戏嘛。

换位思考，多考虑他人的立场

正因为人们的想法不同，所以才会导致"互相伤害"，引发"无谓的争端"。

比如，部下没有理顺某件事的来龙去脉就急匆匆地跑来向上司报告了，处于忙碌中的上司听着毫无头绪的汇报心生焦躁，最后忍不住生气地说道："为什么不考虑清楚再来汇报？如果实在没这个时间，至少也要做到要点突出、逻辑清晰吧！"

另一方面，部下也是一肚子委屈。他只不过是考虑到"事情非常重要"，觉得"应该先向领导汇报"才急忙来报告的。明明是"正确的做法"，就算自己表达地不太透彻，领导也不至于这么不顾情面地批评吧。

由此，我们可以看出，"人之所以生气"，很多时候是因为"自己希望的事情没有发生，而是出现了意外，甚至是完全相反的结果"。换言之，就是因为"事与愿违"，所以才会如此生气。

这样，我们就很好理解上司为什么生气了。他希望的是"部下能够考虑清楚再来汇报"，结果却……他生气的是"怎么能这么做事？！"，他要求的是"按我说的去做！"，这种心情我们可以理解，但在部下看来，领导如此生气则有点不可理喻了。

部下觉得上司蛮不讲理，在这种心理的驱使下，自然就会心生怨气："我好心来报告，不表扬我也就罢了，竟然还……"同理，我们也要站在部下的立场上来考虑问题，他也是出于"一片好心"才这么做的。

结果，只是彼此没有做到对方希望的那样，无意中就造成了互相伤害。没有"恶意"，不是"错误"，更谈不上是因为"彼此厌恶"，其实，倒不如说正是"为了对方着想"才那样说那样做的。

可以说,双方的行动绝对都不是"恶意的行为""错误的行为"。

只不过令人遗憾和无奈的是,自己认为的"好意"并不是对方心目中的"好意"。

所以,遇到这种情况时,一定要学会换位思考,认真接受"哦,原来对方认为这么做才正确"的事实。

同时,不要曲解对方的言行,告诉自己:他(她)是基于"这么做才正确"的想法,出于"好意"才这么说这么做的。

正确地看待反对意见

此外,当我们听到"反对意见"时,也会产生类似上面讲到的激愤反应。简单来说,**"反对意见"**实质上就是"我们不想听的话"。

例如,我经常更新 facebook(脸书),记录一下自己的动态,发表一下对事物的看法等。翻看下面的评论栏,会看到不仅有各种正面的评价和点赞,也有一些不好的评论甚至诋毁。毕竟是评论栏嘛,当然既可以发表赞同意见,也可以发出不同的声音,在这一点上,读者有充分表达的自由。

不知大家平时想没想过这样的问题,人们在面对反对意见时的心态非常有意思。如果是浏览别人的动态,看到评论栏中的反对意见，我们通常没有什么特别的感觉，一般都会心平气和地逐条阅读下来，对这些评论和意见或赞同或反对。但是，一旦在自己博文下的评论栏中看到负面的评价和一些不好听的话语，那可就是截然不同的反应了，心情马上会低落下来，或不屑或气愤。

由此可见，在评论栏里看到反对意见不是一件令人愉悦的事情。不过，话虽如此，但的确也有一些人认为"多亏这些反对意见，让自己意识到思想的不全面"，或者欣然接受这些反对意见，"作为自身思想观念的参考"。我由衷地敬佩这些"心胸宽广的人"，可我自身无论如何也做不到这一点，大概还是自己的肚量太小了吧。

评论栏中出现反对意见，意味着读者"没能理解"我的所思所想。每次想到这一点，我就不由得心情低落下来。是啊，未能将自己真实的想法准确传达给对方，不是一件令人沮丧的事吗？

我们经常会碰到这样的情况，工作时有人不请自来地对你指手画脚，会议中、讨论会上自己提出的意见遭到了反对，辛辛苦苦做出来的策划案被领导一口否定……这些都是类似于在评论栏看到反对意见的情形。

正是因为没有听到"自己想听的话",所以才不开心、怒火升腾甚至悲愤沮丧。

在此,我想借用朋友的一篇博文提出应对策略,希望能对大家有所启迪。

朋友B在博客中这样写道:

当听到"如果你能再……就好了"或者"你可以尝试……去做"这样的建议和反对意见时,我会这样反思:正是因为我"没能"想到、做到这些,才会被人提点、批评。

比如,参加某次聚会后,有人这么评判我,"太一本正经了,真无趣"。于是,我首先回想自己的言行举止,"哦,原来我这个人一点也不风趣",这么一想,心里就不会产生过激的反应了。

继而,有一天,我又突然意识到:向你提出"如果你能再……就好了"或者"你可以尝试……去做"这样的建议、反对意见的人,实际上对你抱有一种美好的期待。正是因为他们觉得你能"做到",或者说他们相信你能成为、能做到他们希望的那样,才提出了建议或意见。

比如说那个评判我"太一本正经了，真无趣"的人，就是因为他觉得我"应该有风趣的一面"，所以才会如此评判。如果他一开始就认定我是一个呆板无趣之人，或许连评判也不屑了。

如果明知对方绝对做不到，或者即使做到了也与他自身格格不入的话，那么我们通常不会提意见或建议。举一个简单的例子，面对一个先天不长头发的人，我们不可能说出"你把头发再留长一点就更帅了"之类的话。

所以，当听到、看到反对意见和建议时，可以不悦，但一定不要忘了告诉自己：并不是自己做的不好，而是对方希望我做到更好，期待我更完美才会提出意见和建议。

这样一来，那些意见和建议乍一看是负面的、消极的，其实对我们的成长和成熟有积极的促进作用。

大家仔细想想，的确如此吧。

因此，最后我要告诫大家：听到不想听的意见和建议时，不必觉得受伤，换种方式考虑问题会让自己变得更好。

（引用博客原文：《这样才能让自己自由、放松》，http://ameblo.jp/yonplus1/）

宽容对待人与人之间的差异

我曾在SNS（社交网站）上看到一条留言，留言人是我曾经的一个房东，多年前我在东京做心理咨询师时租了他的房子做事务所。他这样写道：

"心屋每天下班时都会把房间打扫干净，洗好的衣服晾在走廊下，屋里一点垃圾也没有；总是提前几个月就把预约安排好，从来不爽约；热情待人，对任何人都怀有包容之心；心地善良，善待猫狗等小动物……尤其是他对待工作认真负责的态度给我留下了极其深刻的印象。那时，我就坚信假以时日，这个人必成大器。果不其然，短短几年，他就做出了这番成就。"

看到有人这么表扬我，心里着实是高兴的，同时也不免深感意外。因为，"临离开时整理房间""提前安排好预约，尽量不调整时间""包容别人的错误，不冷脸待人""照顾小猫"……这样的事情，在我看来都属人之常情啊，都是生活中极其普通的事情罢了。然而，原来并不是所有人都会这么认为。

这件事给我带来了震惊，也让我有了新的认识，这就是"自己与他人在人之常情的理解上存在差异"。而且，**这种"常识观的差异"与自身的成长环境、受教育程度以及生活经历密切相关**。

自己只不过做了自认为理所应当的事情却得到他人表扬的例子让我意识到，那些完成了我所力不能及之事的成功人士一定具有我所没有的常识观。反过来也可以说，我身上欠缺一些，或者说有一些需要修正的常识观。

但是，我必须郑重申明一点，在此，**我要强调的并不是让大家"重新审视我们的常识观"**，而是告诫大家 "不仅要意识到常识观因人而异，还要尽力想清楚这些差异"，并且还应做到"宽容对待这些差异"。也就是说，我们要努力活出自己和他人都认可的模样。

周围的声音，是了解自己的契机

有时候，我们往往认不清自己内心的真实想法，这就是所谓的"真心不自知"。

但是，也会有那么一瞬间，我们突然就听到了"自己的心声"。

如果周围人所说的话语或者谈论的话题中，有些词或有些事突然就"莫名地入了你的心"，并且"久久萦绕在你耳边"，那么这些话基本"就代表了你内心的真实想法"。

在日常生活中，我们往往认为"别人所说的话只是代表他自己的想法"。然而，我却总会产生一种"别人说的虽然是他自己的想法，但怎么好像是从我心底冒出来的一样"的感觉。

比如，部下汇报工作时，可能他的话十句有八句你听过去也就听过去了，但是一句"无论如何也没办法了"突然就吸引了你全部的注意力。这是因为"作为听者的你"，事实上内心深处也是这么想的。也就是说，我们经常是从别人的话语中，猛然看清了自己的内心世界。

你可能会因上司的一句"着急也没用，慢慢来"而备受鼓舞、信心倍增。因为，或许这只是上司无心的一句安慰，但却说出了你内心的渴求。在你看来，万万不可有"不着急，慢慢来"这种想法，遂带着恐慌将之封印在心底，然而一旦从他人口中听到了这样的话，瞬时让你感受到长舒一口气的轻松。

总之，我们内心真实的想法往往借他人之口，解除封印迸发出来。

所以，大家一定要告诉自己，在我们的日常生活中，能让我们内心的真实想法释放出来的契机无时不在、无处不有，大家要善于发现、善于捕捉。

这可能是会议中别人提出的一条意见，也可能是闲聊时让你内心一动的一句话，又或许是闲暇时翻阅的某本书中让你印象深刻的一段文章。

这些看似从别人口中说出的话，却常常让你觉得这并不是别人说出来的，倒像是自己心中发出的一道声音。

此外，当你被上司批评却又不得不强行咽下几乎要冲口而出的辩解时；当部下的行为实在让人难以忍受，你却忍了又忍，最终没有出口苛责时；当你觉得同事的行为实在不妥却控制住自己最终保持了沉默时……所有那些"不知为何总是想说出口"或者"久久难以忘记"的话语，就是封印在你内心深处的真实想法。

越是极力克制、忍耐、遏制自己的负面情绪，内心的真实想法越是呼之欲出。一旦别人的话触动了某一点，便一发不可收拾，所有被压抑的情感一起往外涌现。

打个形象的比喻，就像我们处理漏水的场面时，堵住这个漏水口，水又从其他缺口喷涌而出，让人手足无措、无计可施。

处理好旧伤，才能实现自我突破

"只要你去做，明明可以做到的，却……"，听到别人这么说，有的人会感到受伤，有的人却会开心地回答，"说的也是啊！"，从而充满了斗志。

同样一句话，为什么会引起如此不同的反应呢？

听了这句话感觉受伤的人，并不是此时的这句评判刺伤了他，而是因为他本身曾经因这句话留下了心理阴影。

一般来说，偶然的一句无心之语是不可能给他人带来心灵创伤的，但很多人对此有所误解。

人，并不会因别人的一两句话而受伤，而是这句话碰巧触动、撕裂了心灵深处的"昔日伤口"。也就是说,**"受伤"的实质是"你偶然的言行,恰巧触动了我的旧伤,引发了我不美好的回忆"**。通俗地讲,就好比一个人的腿或胳膊曾经受伤骨折了,以后每逢阴雨天,原来骨折过的地方便会隐隐作痛。

听到别人说"只要你去做,明明可以做到的,却……"感到受伤的人,大抵小时候有过这样痛苦的经历——小时候,有些事情我们无论怎么努力还是做不到,但母亲却一次次地说:"好好做的话,肯定能成功的,再试试!"这让我们感到痛苦不堪,忍不住在心里呐喊:"不要随意说出这种不负责任的话,没看到我已经拼尽全力了吗?"

幼时不愉快的记忆就这样残留在我们心底深处,长大后,一听到"只要你去做,明明可以做到的,却……"这句话,就会感到一种沉重的心理负担,不禁哀叹"可不可以不要对我抱有这么高的期望?!"一想到"你说这些倒是挺轻松,可一旦我没达到你的要求,你就会掩饰不住满脸的失望",由此我们便会觉得无比受伤。

同样,听到"别磨蹭了,赶紧!"这样的催促时,有的人不会多想什么,而是一边爽快地回应"知道了",一边加快了手上的动作。但是,有的人却会瞬间情绪低落,沮丧地想:"唉,我果然还是一个干活磨蹭的人啊"。

后者一定是在小时候曾被父母训斥"别磨蹭了,快点!""哎呀,你就不能像哥哥那样抓紧时间吗?",并因此留下了心理阴影。或者,在学校里曾被老师训斥"吃饭慢的同学继续留下来吃饭",那种在极度羞耻中狼狈吞咽的经历一直留在记忆深处。

我们听到"别磨蹭了,赶紧!"这句话之所以会感到受伤,就是因为这句话触动了记忆的开关,过去的惨痛经历涌现在了脑海中。听到别人说出"只要你去做,明明可以做到的,却……""别磨蹭了,赶紧!"这些话的一瞬间,你脑子里随之冒出的是"唉,别人一定认为我是一个一无是处的笨蛋"的想法,所以我们会感到受伤。我希望大家认识到,受伤的前提是这个"一定"背后隐藏着你自己对自己的否定,自己认定自己是一个"平庸之辈",自己给自己贴上了"笨蛋"的标签。

所以,当我们在职场上感到受伤时,不妨思考一下"我们心中是否有旧伤","是不是别人的话恰巧触痛了这块伤疤"?

虽说是旧伤,但伤疤被触动时,反而会丝丝拉拉地一直疼,让人更加吃不消。

摆正心态，正确对待工作中的不如意

身处职场，大家不可避免地会遇到一些问题，面临这样那样的烦恼。比如，虽然一直在卖力地工作，但销售业绩迟迟不见提高；认真地给上司提出方案和建议，却没有被采纳；其他部门的人缺乏协作精神……

遇到这些情况时，我们往往不由得焦躁起来，对待别人也失去了耐心，冲口说出一些伤人的话，对别人的过错不依不饶。

而且，越是在这种时候，我们也会越发强烈地"感到"周围的人对自己是多么严苛，多么冷淡，说的话是多么过分。

就是在这种情况下，或许你会努力地回忆本书的内容并付诸于实践，比如冷静下来"倾听自己的心声"或者尽力地"消除'一定是……'的自以为是"……你是那么认真，又是那么努力地实践这些想法。当然，你能这么想、这么做是值得肯定的，是令人高兴的。

但是，在遇到工作不顺的情况下，其实，我们不必想得过多，只需单纯地告诉自己"不要着急"就可以了。

当工作进展不顺利时，大多数人通常会着急起来，思虑重重，急切地要求自己"必须去做""必须认真""必须努力""必须坚持"……

大家不觉得这样有点过于焦躁、过于急功近利了吗？

通常情况下，我们只喜欢"在工作中如鱼得水的自己"，讨厌那个"无能的自己""不作为的自己""只能求助于别人的自己""不圆滑的自己""茫然的自己""爱发火的自己"……

但是，我们的工作不可能事事顺心，件件如意，当在工作中遭遇不顺时，我们要学会摆正心态，坦然面对、接纳、善待这样暂时无法完美解决一切问题的自己。

不管如何努力还是做不到，这是一种人生的无奈；心里有难以彻底愈合的旧伤，这也是人生的一种无奈……我们的人生总是充斥着各种无奈。

如果大家能够这样开解自己，慢慢地你会发现自己口中伤人的话语和对别人的苛责会越来越少。

是呀，碰到一个能力低下的对手是"无奈"，看到对方糟糕的工作成果是"无奈"，自己无力掌控一切也是一种"无奈"。

如果大家能够这样想的话，那么与别人的争吵冲突也会越来越少。

让我们放慢脚步，给心灵思考的时间！

让我们对暂时无能为力的自己再多一点信心！

当你在工作中举步维艰的时候,就来读读这本书吧,一定能对你有所启发。

总结

◎ "不在乎我""不看重我"的想法往往是误解和错觉。正是由于自己的这种主观臆想，才常常导致人际关系的紧张。

◎ 心中一旦有了"一定是……"的消极思想，便会不由自主地将他人的言语、行为往不好的方面考虑，所以要把自己心中负面的"一定是……"找出来。

◎ 别人不是因为你"没做到"或"做不到"，而是他们看到了你"能做到"的潜质，相信你"可以做到"，才提出了建议和意见。

◎ 不仅要意识到常识观因人而异，而且还要做到宽容地对待这些差异。

◎ 遇上工作不顺时，不必考虑过多，只需单纯地告诉自己"不要着急"就可以了。

第三章
提高情商，
轻松拉近亲子关系

随着社会的发展，越来越多的人在亲子关系上束手无策、烦恼不已。虽然血脉相连，不，可以说正是因为有血缘关系，处理问题时才更觉棘手。

对孩子来说，他们往往认为就算是亲近的父子、母子，但每个人都是独立的个体，各人有各人的价值观、人生观，为什么孩子就"一定要听父母的"？另一方面，为人父母的，虽然自己也知道是时候对孩子"放手了"，但遇到事情时还是忍不住对孩子管头管脚。

本章将围绕"如何修复亲子关系"这一话题，提出一些意见和建议。

孩子对父母的期望，是产生问题的关键

如今，越来越多的人因亲子关系的不和谐而烦恼不已。

每次都想着要好好对待父母，可是常常因为一点鸡毛蒜皮的小事又控制不住地与父母争吵起来。

虽说是生养了自己的父母，可一见面就唠叨个不停，让人感觉真是难以相处。

为人父母后，终于开始理解父母的心情和行为，也下定决心要改善与父母的关系，却不知具体该如何去做。

诸如此类的困惑和烦恼层出不穷。

为了避免"并非出自本意的无谓争吵",为了改正"心里明明爱着母亲,却总是伤害到她"的行为,为了解决"苦于不知该和父亲怎么相处,从而有意无意疏远了父母"的问题,我们必须主动迈出关键的一步。

这就是,思考一下自己小时候萌发的"真希望父母能……"的愿望和期待。

下面,我先给大家讲述一个女孩N的故事。N有个哥哥,是家中的长子,也是家业的继承人。小时候,N与哥哥一样,努力学习就会受到父母的称赞。但是,在其升入初中后,情况慢慢发生了变化。因为哥哥是"家业的继承人",所以格外得到父母的重视,成绩好便会受到鼓励和表扬,而不管N多么努力,成绩多么出色,都未能得到父母的一点关注和认可,这成了N心灵上的一道创伤。

等到哥哥高考时,父母更是把所有的心思都扑在儿子身上。看着这样的父母,N的心中积怨日深,在心里不停地质问父母:"为什么你们眼里只有哥哥?!"

就这样,无论怎么努力也得不到父母肯定的悲伤和对父母"眼里只有哥哥"的怨愤交织在一起,在N的心中越积越深，最终爆发为与父母的争吵。

有天早上，眼看着就要迟到了，N急急慌慌、手忙脚乱地收拾东西准备出门，就在这时，母亲埋怨说："为什么不早起一会儿？一个女孩子，做事这么没有规划性，毛毛糙糙的。"母亲的这句唠叨成了点燃N心中怒火的导火索，她愤愤地想："无论我怎么努力都得不到你的一句夸奖，这点小事儿你倒看在眼里了，烦死了，谁要你管？！"心中由来已久的积怨借此爆发出来，演变成对母亲的反抗，发展为与母亲的大吵。

可见，女孩N激烈的言辞背后隐藏着她内心真实的想法，那就是希望父母"（像关注哥哥一样）看看我！好好看看我的努力！也请给我鼓励和表扬！"。

长大后的N，大学一毕业就离开家独自生活了。然而，即便已经成年，每次与父母见面，仍然争吵不断。

有一次，N在回家之前满心欢喜地给家里打电话说："我X号回家。"没想到却遭到了母亲的一通抱怨："为什么不早点告诉家里回来的时间？"听了母亲的话，N不禁怒火中烧："你烦不烦！我紧赶慢赶处理好自己的工作，好不容易挤出时间特地回去看望你们,没听到你一句高兴的话,反倒牢骚个没完!"

与小时候希望父母表扬她努力学习取得了好成绩一样,这次N希望父母能看到她为了回家看望他们而做出的努力,渴望得到父母的表扬。

她只是单纯地希望父母能看到她的孝心和努力并给予赞赏和鼓励,仅此而已。然而,这点小小的愿望都难以实现,于是N就像个闹别扭的孩子一样抵触父母,引发争吵。

就是这样,小时候"真希望父母能……"的愿望直接影响到成年后的亲子关系。

就像刚才讲到的女孩N一样,我们每个人小时候都会对父母怀有要求和期待,希望父母"表扬我""对我再和蔼一点儿""向我道歉""多陪陪我""理解我"……这样的愿望,在我们成年后仍会深深地留在心底深处。

而且,一旦这些要求得不到满足,这些愿望无法实现,便会对父母产生不满,进而演变成与父母的冲突。

那么,你"希望父母做的"又是什么呢?

摆脱"反正……"的固化思维

上一节提到，成年后亲子关系的不和谐，多与记忆深处产生于小时候的"真希望父母能……"的愿望密切相关。

认清自己心中"真希望父母能……"的愿望，是"构建和谐亲子关系"的关键所在。

有一个关键词，可以帮助我们理顺这些愿望。这个关键词就是"反正"。

当你与父母争吵时，当你对父母极其不满时，脑海中是不是充斥着这样的想法：

"反正不会表扬我。"

"反正不相信我。"

"反正我不优秀。"

"反正我不可爱。"

"反正我不讨人喜欢。"

……

这种"反正……"的自暴自弃思想，是"真希望父母能……"的愿望一直未能实现，是一次次的失败经历层层叠加的结果。

每个人都会对他人抱有"希望你能……"的期待，一旦这种希望落空，便会心灵受创、伤心难过。经历了一次又一次的心灵煎熬后，人们为了保护自己不再受伤，为了让自己不再伤心，慢慢学会了"不再期待""死心断念"，最终变得心理扭曲，固执地认定"反正你们又不……"。

因为，如果"不再期待""死心断念"的话，那么"当希望落空时"就不会黯然神伤，也不会再有深感受伤的痛苦。这样一来，"反正你们又不……"的别扭想法就在心中慢慢扎下根来，最终导致人们总是在这种固化思维下与周围的人打交道。

以上一节提到的女孩 N 为例，她就是在经历了一次次"明明努力了却得不到表扬"的伤心失望后，心灰意冷地认定"反正再怎么努力，父母也看不到眼里"，最终形成了"反正不会表扬我"的定势思维，总是以此为前提与父母进行交流。

而且，随着这种思想的支配力越来越强，她已经不仅仅是与父母"闹别扭"了，而是自暴自弃地认定"父母一定不会把自己的事放在心上"，深信自己就是一个"不可能得到表扬的人"。

毕竟，如果这么想的话，那么即使果真没有得到表扬，心里也不会像以前那么难受，顶多就是自嘲一下："反正我本就是一个得不到表扬的人，又有什么办法呢？"

人们想当然的"反正……""一定……"的固化思维就是这样形成的。

读到这里，想必大家已经意识到了，女孩 N 这样的情况绝不是个例。

人们之所以认定自己"不优秀""不可爱""不讨喜",就是因为有这样的定势思维存在。

因此,当你与父母发生冲突时,如果你的脑海中浮现出"反正……"这样的想法,请冷静下来思考一下,这是否是你为了保护自己不受伤害而选择了"不再期待""闹别扭",或者说是在心理上筑起了一道"防线"?

原谅父母的无心之语

人们为了保护自己免受伤害而形成的"反正你们不会……""反正你们一定……"的定势思维,大多起因于小时候发生的一些小事儿。

大家回忆一下,当时,父母是不是经常拿我们与兄弟姐妹、与邻居家的孩子、与他们小时候做比较?

"你怎么就不能像姐姐那样乖乖听话呢?"

"你看人家小××多文静,你咋就没个女孩样呢?"

"我小时候学习可比你用功多了。"

……

这些是不是大家耳熟能详的话语？是不是不管遇到点什么事儿，父母动不动就这样抱怨、发牢骚？

对于父母来说，这也许只是他们的一句"无心之语"。毕竟，父母也是人，也有七情六欲，会因养育孩子过程中出现的诸多问题而烦恼、困惑，不经意间，心中的想法就会脱口而出，说出"我养你姐姐时怎么就没觉得这么难？""你同学××，你看人家轻轻松松地就学会了，你怎么这么笨？""我当年可不用父母督促，自觉地就去学习了！"之类的话。

然而，作为被指责的孩子，自然理解不透父母的感受，也不会想到这些只是父母的无心之语。对于**他们来说，父母的这些话在他们幼小的心灵上留下了一道道深深的刻痕**。一开始，父母可能只是这么随口一说，或者难掩心中的不安冲口而出，但慢慢地习惯成自然，说得越来越顺嘴。**孩子深爱自己的父母，在他们的心目中，父母具有绝对的权威，因此他们对来自父母的埋怨、指责非常敏感**。有些话，父母说过后自己很快就忘了，却深深种在了孩子的心里。

孩子们想当然地认为自己受到了伤害,任性地在心中竖起一道防线,用"反正……"这种消极思想来保护自己。并且,直到成年后,这种思想依然深藏在他们脑海深处。

大家想一下,是不是自己就属于这样的情况?如果只是因为自己的自以为是,导致与父母关系紧张,那么我们就试着说服自己摈弃这种"反正……"的思想吧!

毕竟,这种思想只是源自父母的一句无心之语。

释放压抑，解除身上的"情绪炸弹"

有没有人在平日的生活中，不知怎么地突然脑海中就冒出了这样的想法：最近这是怎么了？怎么因为一点工作上的小事就焦躁不堪，怎么动不动就冲着家人发火？

最近，连我也觉得自己"比以前变得易怒了"，常常疑惑"难道我是一个心胸如此狭窄的人？"，不免有点消沉，掩饰不住"始终没什么长进"的挫败感。

这个时候，一味地告诫自己"不可动不动就发火"，埋怨自己"一点长进也没有"等等都是不正确的做法。那么，话说回来，如果不是"易怒"，又不是"始终没有长进"，那到底是因为什么呢？

原因很简单，是到了"忍耐的极限"。以前并不是刻意地"隐忍不发"，而是这些负面情绪并没有到达爆发的临界点，从而给了你"能够忍耐"的假象。举个简单的例子，就像往一只杯子里注水一样，在它的容量范围内，你怎么往里倒水都行，一旦超过了它的容量，水自然就会溢出来。

但是，我要强调一点，我这里说的"忍耐的极限"，指的是自小对父母的忍耐，而不是对工作、对同事的忍耐。

从小不对父母说真心话、装出一副懂事的模样、把自己的内心封闭起来，直到长大成人依然改不掉这种习惯，而且不仅仅是对父母如此，对父母以外的人也无法坦承内心。这种状况一直持续，"想说的真心话"越积越多，最终却只能忍耐又忍耐。

总而言之，就是幼年时期形成的"反正……""一定……"的思想在成年后一直持续存在，到了一定的限度，便在工作中、与伴侣的相处中爆发出来。

也就是说，自小对父母抱有的"真希望你们能……"的愿望一直未能实现，这种遗憾和怨愤根深蒂固，成年后一旦工作、生活不顺心，就开始焦躁不安，控制不住地发火。

比如，小时候你非常希望父母"看到你的努力，并给予表扬"，当愿望落空后，你便会自暴自弃地生出"反正也不会得到表扬"的消极情绪，这种情绪不仅仅是面对父母时才有，它会一直延续到你的工作以及与伴侣的相处中。而且，"想得到夸奖，却怎么也得不到"的压抑一层一层在心中堆积起来。

一旦这种压抑超过了忍耐的界限，那么当你看到因工作努力而得到表扬的同事时，便会心有不甘、继而焦躁起来；当你的伴侣没有对你表示任何肯定和赞赏时，你便会心生怒意，愤愤地想："一直都是只有我自己在努力，你太不像话了！"

可见，小时候在与父母的相处中形成的"不管我怎么努力，反正你们也不会表扬我""一定不会表扬我"的消极思想，在很大程度上，影响到成年后对待工作的态度以及与伴侣的关系。

这就是我刚才提到的，你从小养成了不对父母说真心话、装作很懂事、把真心隐藏起来的性格。这种状况一直伴随着你的成长，"想说的真心话"越积越多，却只能忍耐又忍耐。一旦某一天超过了"忍耐的界限"，便如"水满自溢"

一样爆发出来。

为了防止这种状况的出现，那么我们就"放弃忍耐"吧！

希望大家尽力做到：对父母倾吐内心。

不必逼着自己做出懂事的样子。

鼓起勇气，大胆说出"真希望你们能……"。

不必顾虑"父母是否能理解？"，只要放弃忍耐、勇敢地说出来就好。这才是最重要的。

……

心里还是有点忐忑，对吧？毕竟，我们这样说出来后，说不定会惹得父母恼羞成怒，越发地指责我们。

但是，那又何妨？至少我们勇敢地说出了真心话，释放出了心中的压抑。

提出期待，从此停止互相伤害

　　父母就是爱操心。正如世间常说的那样，"不管到了多大年纪，父母都放不下孩子"，尽管孩子已长大成人，可在父母眼里他们永远是小孩子，哪怕父母到了耄耋之年，他们依然会为孩子的事儿操心。对父母来说，这样做固然有"正是对孩子有爱才会担心"的一面，同时也是父母的责任和义务使然。

　　话虽如此，但是有不少父母将"担心"过度，最终演变成"过度干涉"，更有甚者，在孩子已经长大成人开启了自己的人生之旅后，仍然像小时候那样对孩子管头管脚，"你要这样做！""那样不行！"之类的唠叨不停地传递给孩子。

可是，已经成年的子女却不愿意接受父母的这份关心，嫌弃父母管得宽、管得严，心中觉得憋屈。当自己的思想、理想、梦想遭到父母的反对和阻碍后，怨气便化为怒气，开始反抗父母甚至与他们发生争吵，忍不住喊出"我有我自己的人生！""够了！不要再对我管头管脚！""行了！别再管我了！"等内心的不满。

大家记住，这种时候，不必刻意压抑自己的情绪，生气，就堂堂正正地生气，尽情地释放自己的怒气就好了，没什么大不了的。因为，这种情况下，如果你还想着"自己竟然跟父母生气，不孝！不该！""都这么大人了，还这么幼稚"什么的，便会再次开始忍耐，又将怒气压在了心底。这样一来，岂不等于在原来堆积的负面情绪上又增添了一层？

所以，生气的时候，可以明确地告知父母"我很生气"，可以尽情发泄怒气，如果想对父母说出自己的不满，那就痛痛快快地说出来好了。

不过，我必须要提醒大家，可以生气，也可以倾吐对父母的不满，但是一定不要忘记思考一下"自己内心真正的想法"，思索一下自己真正想表达的是什么。

大家试想一下,"我有我自己的人生!""够了!不要再对我管头管脚!""行了!别再管我了!"这些话的背后,是不是隐藏着"希望父母接受你已经长大成人的事实,尊重你的思想,支持你的理想"以及"希望得到父母的鼓励和认可"的愿望和期待?

如果你能将这种愿望和期待明确地传达给父母,有可能父母一时难以接受,也有可能会惹他们伤心,但是起码我们可以避免最终因沟通不畅而造成"互相伤害"。

学会吃亏,不与父母计较得失

如果亲子关系比较紧张,一旦发生争吵,因为血缘和亲情的存在,孩子反倒会更加强化"不可原谅"的意识。

那么,如何减弱这种"无法原谅"的想法,并从中走出来呢?

迄今为止,有很多人为此来我这里倾诉,寻求帮助,我也曾对这些不同的案例进行过比较、分析,最终浓缩为一个词。

这个关键词,就是"吃亏"。

也就是说,"原谅"就是学着接受"吃亏"。

从一个毫无认知能力的婴儿呱呱坠地的那一刻起,父母就成了孩子的守护神、庇护者。无论哪一对父母,"应该都会为了孩子甘愿付出一切""应该都是竭力保护孩子尊严的人"。

在孩子心目中,父母本来就是应该守护自己身心安全、给予自己关爱的存在,同时也是应该能够接受自己的好意和温柔的人。(注意,我这里用了很多个"应该"。)

所以,一旦亲子关系不和谐,孩子就会觉得自己的身心安全没有得到保障,没有感受到来自父母的关爱,自己的好意和温柔也未得到父母的理解和接受,从而伤心难过。

虽然自己的身心安全"被剥夺","未得到"父母的关爱,自己的好意"被拒绝",可是直到现在,父母却没有为此表示出任何的歉意。如果父母稍微表示一下歉疚,或许孩子心里多少能有点释然。然而,孩子没有感受到父母的一丝愧意,因此感觉自己非常吃亏。

我想,这就是孩子不肯原谅父母的真正原因吧。

明确了这一点后,如果孩子能够本着"吃亏就吃亏吧，谁让他们是自己的父母呢！"的思想原谅父母言行的话，那么亲子关系不就趋向融洽了吗？

所以，作为孩子，要学会用"对方是父母嘛，被剥夺又能怎样呢？"以及"得不到又如何呢？"这样的想法来开解自己，尽力坦然接受"吃亏"。

宽恕过往，勇敢建立新的关系

人生就是如此，无论你多么后悔或者多么希望，也无法再回到过去，所以我们必须认清这一现实，坦然接受"吃亏"，我认为这一点非常重要。

大家可能有过这样的经历，听信商家"一定会有赠品！"的推销宣传买了商品套餐，结果却发现自己并没有得到什么赠品；听信他人"这只股票一定会涨！"的鼓动投入了大量资金，结果自己赔得一塌糊涂⋯⋯

不过，大家面对这样的"损失"，心里往往会想"这也是没办法的事，算了，算了"，于是很快就能坦然接受了。

然而，一旦"希望父母如何做"的愿望落了空，往往就不会这么自我劝解了，而是认为"这本来就是父母应该给予的关爱，却……"，所以愤愤不平，心有不甘，觉得受了天大的"损失"，怎么也不能释然。可见，一旦涉及与父母的关系，要做到"原谅"会有多难。

心里越有气，越不愿屈服，越做不到原谅。但是，我还是希望大家要把"原谅"二字放在心间，哪怕你当真做不到"原谅"，也要说服自己努力换个角度审视与父母的关系。

父母对你做了什么过分的事情，在你心中就把父母归为"罪人"之列？或许在你看来，"原谅"他们，跟判定犯人无罪，当庭释放又有什么区别？自己岂不是吃了天大的"亏"？

但是，大家静下心来想一想，就算把犯人判了死刑，你被剥夺的能找回来吗？你损失的能补回来吗？明知道这一切不可能有什么实质性的改变（当然，话也不能说得这么绝对，偶尔也能找回一些补偿），如果你还是"对犯人的过错耿耿于怀，不能宽恕"，那么你想没想过你接下来的人生将会变成什么样？无非是不由自主地时时刻刻监视着犯人的一举一动吧。

假若你时时刻刻监视着犯人的一举一动，等于你自身也失去了自由。因为只要抱着"不能饶恕"的心理，你就无法做到无视他们，就会不由自主地把视线、时间、精力全都投放在他们身上。

这时候，倒不如鼓足勇气，大喊一声"啊！我就吃点亏吧，原——谅——他们——了！"，喊出心中的怨气和戾气，毅然决然与前尘过往彻底斩断联系，带着全新的心情与父母建立全新的关系。

这，就是我给大家的忠告和建议。

至于你接不接受，能不能鼓起勇气这样去做，最终的决定权在你手上。

客观看待问题,别让情绪左右你的看法

以前,有个女士不小心犯了个错误,在我看来根本算不上什么大不了的事,她却懊恼地伤心而泣。

这时,周围的人过来安慰她,基本上都是说"不是什么大不了的事,别放在心上""没关系的""这并不是你的错"……结果,她反倒更加认定"就是自己做错了",越发自责。也就是说,往往别人越是对自己和颜悦色、温言相劝,自己反倒更加自责不已。

这又是一种什么心理呢?

明明是自己做错了事,明明是自己给大伙添了麻烦,明

明是自己给别人带来伤害,却没遭到任何的责怪,没有受到任何的批评,也没有受到任何的惩罚,反倒得到了大家的原谅和劝慰,那么这时候,也就是当一个人做了本应遭到谴责的事情却没有受到任何指责和埋怨时,他(她)便会"自己责备自己"。换言之,就是因为**没有人责备自己,那就只好自责**。

人一旦陷入自责中,便很难原谅自己。

所以,碰到这种情况时,我选择说"是的,就是你的错!""就是你给大家带来了这么大的麻烦""你真过分!""简直不可饶恕!"……

对,就是这样"毫不留情地批评"。结果,越是如此明确地提出指责和批评,对方反倒会"自己宽恕自己"。

同理,当大家想要"构建和谐的亲子关系"时,这一点同样非常重要。

比如,当你将"希望你们能……"的愿望明确传达给父母时,当你真情流露,冲着父母怒喊"够了!我已经无法再忍耐下去了!"时,父母反倒会反思,会对你表达"对不起,是爸爸(妈妈)不好!""原谅我吧!"之类的歉意。

这种情形下,希望你能够充分发泄自己的怒气,不再轻易原谅,明确表达不满,毫不留情地提出批评。

大声喊出憋在心里的委屈,"我很难过!""我非常痛苦!""我只不过是想让你们多关爱我一点,可你们从来没把我放在眼里!",尽情地对父母说出自己的不满和埋怨吧!

将心中由来已久的积怨发泄、释放出来后,你会发现自己不再纠结过往,轻松就能做到原谅父母曾经的所作所为。

这样一来,也终于能"打开"与父母的心结了,接下来大家可以尽情享受家庭的温暖和幸福。

父母有错，不能将错就错

最近，"不称职父母"的话题不断引起热议，很多人竞相倾诉了自己的遭遇和苦恼。

也有人来向我求助，希望我能说说对不称职父母的看法，讲讲如何与这样的父母相处，又该如何应对。

不过，听了我的分析和建议，估计他理智上能认可，但心里恐怕一时难以接受。听得出来，直到现在，他依然不能原谅母亲曾经的作为。在倾诉了自己苦难的经历后，他还缀上了这样几句话。

人的幸福感，归根结底来自于家庭、父母。日本人通常认为孝敬父母是天经地义的事情，谁对父母不好便会受到指责。因此，很多人在亲子关系上有苦说不出。所以，希望老师您能在博客上谈谈对不称职父母的见解，讲讲与他们的相处之道。

我的意见——其实，也算不上是什么见解，简单一句话，就是：

一心追求自己的幸福。

对，就这么简单。

那些苦于应对不称职父母的人们，你们是不是经常会这样想？

就算他们做的再怎么不好，可毕竟是我的父母，我必须爱他们。

即便他们再怎么冷漠，可我还是希望他们能给予我，哪怕只是那么一点点的关爱。

正因为他们一错再错，我才希望他们能因自己没有给予孩子应有的爱而心生愧意，哪怕只是那么一丝罪恶感。

……

这样的"想法"慢慢成了一种"执念",即使长大成人,你仍然会不由自主地"紧盯着"父母的一言一行,因此耗费了大量的时间和精力,而这些过度的关注又会进一步加深你的"执念"。就这样,你陷入一个恶性循环的怪圈中无法自拔。

如果你还有心思顾忌外人的眼光而违心地孝顺不称职父母,如果你还有精力想方设法让"不称职父母对曾经的作为心生愧疚"的话,我倒劝你不如将这份心思和精力花在如何追求自己的幸福上。

简单地说,就等于生活中只考虑自己的幸福就行了。

如果只考虑怎么让自己幸福地生活下去,哪还有时间和精力去关注不称职父母的一举一动,哪还有心思去吐槽他们的所作所为?

总之,忽视不称职父母,一心追求自己的幸福。

其实,这也是一种"对父母的原谅",就是我在前面讲到的孩子吃的"最大的亏"。

一些遭遇不称职父母苦不堪言的人经常对我说："唉，您是不知道啊，您都不知道我从小遭了多少罪，您都想象不出他们有多么过分！"

是的，我的确不了解。可是，你想过没有？就算你再怎么对我讲述过去的一切，就算你再怎么愤愤不平，你也不可能得到一丝一毫的幸福啊。

幸福是靠自己争取来的，就看你怎么想怎么做了。

把焦虑强加给孩子,酿成了多少家庭悲剧

接下来,我将站在父母的立场上继续谈论亲子关系。

有不少父母苦恼地说:"就是因为太担心孩子了,所以才不知不觉地就唠叨起来。"也有不少父母苦于不知该如何应对叛逆的孩子。

有一位母亲来到我的咨询室。她有一个正处于小学高年级阶段的儿子,孩子不愿上学的事让她头疼不已。

孩子不愿去上学,不是因为在学校里受了欺负,也不是交不到朋友,所以母亲就很纳闷他到底为什么不愿意上学。慢慢地,孩子对上学的抵触表现为早晨不起床,她疾言厉色

地喊嚷不行，温言好语地哄劝也不行，任她想尽了一切办法都无济于事。

母亲担心地说："他这样不去上学，学习势必得落下来。最主要的，我怕他成了一个没有时间观念的人，怕他将来连个工作都找不到啊。"

这位母亲被这个问题困扰得寝食难安，甚至都想着要带孩子去医院做检查了。

面对这位焦虑的母亲，我是这么说的。

"等孩子长大了，找个不用非得早起的工作不就行了！你想想你周围的那些成年人，不也有很多虽然时间观念不强，但照样过得很幸福的人吗？"

如果你看到当时这位母亲的表情，你就知道她是有多么不赞同我说的话了。于是，我又进一步给她做了详细的解释，她才慢慢地接受了。

我把这位母亲的焦虑归结为"妄想"。

也就是说，她的一切焦虑都来自于自己的妄想，而这

些妄想的前提就是"孩子不优秀，怎么办？"这种不安的情绪。

具体来讲，这位母亲心中堆积了太多的不安，担心孩子"学习不好，肯定没有个好的未来"，害怕孩子"不去上学，势必融入不到集体中去"，焦虑孩子"连早起都做不到，将来会变成一个适应不了社会的废人"……

但是，这位母亲的种种担心未必就一定发展成为事实。

不接受学校教育，也可以有其他方法保证知识的接受和掌握啊。

至于孩子被同伴疏远的这种担心，完全没有必要嘛。因为这根本不是事实，母亲亲口说过"孩子有非常要好的朋友"。

另外，并不是社会上所有的工作都要求早起，也有很多不需要早起的好职业嘛。就拿我来说，每天都是睡到自然醒，不照样过得好好的，这不算是一个对社会无用的人吧。（呵呵，可能不算是一个废人。）

所以，我把这位母亲的"焦虑"划归为某种程度的"妄想"。她的"妄想"生出了这样那样的问题。

再往深里说,母亲的这些"不安"看似是对"孩子未来"的担心,其实她真正担心的是,一旦这些变成事实,她该如何面对自己的窘境。因为,到那时,因为孩子的不成器,担负主要教育责任的她势必会遭到丈夫的埋怨、亲戚朋友的指责、周围人的评论……

也就是说,这位母亲心中深藏着恐惧,害怕直面来自周围人的"埋怨""指责""评论"。然而,这些却只不过是她的"三大妄想"而已。

所以,这一问题的解决取决于母亲能否主动调整自己的心态,能否带着"起不来就起不来吧,又能怎样呢?"的轻松笑对孩子不起床这件事。做到这个程度就可以了。

说的极端点,如果这位母亲能想开一些,"任孩子自由成长,只要平安健康",或者不要生活得如此一板一眼,偶尔摆脱时间的约束,任性地放松一下,那么一切问题都将不复存在,更谈不上带孩子去看医生了。

话说回来,如果只是没有按照父母规定的时间起床、上学，孩子就被扣上"有病"的帽子，要被强行带去看医生，那么孩子们实在是太可怜了。

我认为这是父母把"自己的焦虑""自己的妄想"强加到孩子身上，生生变成"孩子的问题"，是一种不负责任的行为。

所以，我要提醒家长朋友们，你们应该担心的是"这样下去，自己的焦虑越来越严重怎么办？不定会对孩子做出什么呢！"，而不是妄想孩子可能不堪的将来，"因为不管你们担心还是不担心，都不可能对将来的事情产生任何影响，他们有可能真的不幸变成一个无法适应社会的人，也有可能成长为国家的一个可用之才。"

奉劝家长朋友们，立足当前，想我们应该想的，做我们应该做的吧！

强行改变孩子不如主动改变自己

有一位母亲每天疲于应对时时把"讨厌!""不行!"挂在嘴边,事事叛逆的儿子,不仅干不了什么活还把自己弄得心烦气躁。

有一次,她偶然阅读了我的博客和书,于是决定"放弃以前跟儿子硬着来,闹得鸡飞狗跳的方式,选择让人轻松愉快的处理方法"。

那么,效果如何呢?

有一天,儿子又开始闹别扭,大喊大叫:"我不要吃饭!我要玩儿!",于是妈妈就说:"好吧,反正饿肚子的又不是妈妈。那我把饭菜收拾了，咱们一起玩吧！"，说着假装要把饭菜端下去。结果，儿子马上偃旗息鼓了，急迫地说："不，妈妈，我要吃饭！"

还有一次，儿子嚷嚷着："我不要洗澡！"于是妈妈又说："好啊，反正一天不洗澡也死不了，再说了，脏的又不是妈妈。不过，妈妈要去洗个澡让自己变得更清爽、更漂亮，我去了哦！"说着向卫生间走去。结果，儿子大声喊着"我也要！"，赶紧抢在了前面。

后来，这位妈妈笑着告诉我："没想到这么轻轻松松地就制服了他，看到他没有任何反抗，我都有点忍不住想逗逗他了，'咦？你不是什么都要跟妈妈对着来吗？'，哈哈。"

这位妈妈还感慨地说："当然，生活中还有很多不顺心的事了，每当这时，我便尽力选择轻松愉快的方式来应对，所以心情比较舒畅。而且，更让人惊奇的是，儿子看到这么心平气和的妈妈也是心情好得不得了。我觉得我们母子两个更加亲近了呢。"

可以说，这位妈妈找到了开启幸福生活的金钥匙。

看看孩子们的那些"不情愿",其实都是一些"不做也无妨"的小事吧。

大家想想,"不想吃饭就不吃,想吃的时候再吃",我们成年人不是经常这样做,而且认为这是理所当然的吗?为什么同样的事到了孩子身上,就有了另一套标准?至于每天洗澡,也只是日本人才有的习惯吧,世上不是每天都洗澡的人大有人在。

可是,我们大人往往被所谓的"常识""习惯"深深洗了脑,"不吃饭会生病""不吃饭会营养不良""不挑食才能长得壮""不洗澡就是不讲卫生"……总是这样那样地找些理由强行让孩子们按照我们的意志行事。其实,仔细想来,这些并不是非做不可的事情。

令人遗憾的是,有些事情明明可以不做,明明怎么样都行,我们却过于死守"常识""习惯",结果让自己丧失了愉悦的心情,享受不到生活的美好,错过了和孩子在一起的幸福时光。

我们要向这位妈妈学习,一切为了自己的幸福,一切为了自己的美好心情,这才是最最重要的。

因为，我们活着不是为了死守某些"常识""习惯"，而是为了追求幸福而活着。

不过，我在这里也要申明一点，我讲的这些不是万能的，不是放在每个孩子身上都有效的。有些读者朋友可能会欣喜地想："噢，是吗？太好了，这样做，孩子就能乖乖听话了呀。"于是就按照这种方式去做了，结果却没有得到预期的效果。

总之，与其与孩子拧着干，强行让他们按照自己的意志行事，倒不如妈妈们利用这个时间做点自己想做的事情。

记住，越对孩子放手，孩子成长得越快。

记录情绪，让你豁然开朗的好方法

在前面章节，我已经给大家做了分析，孩子之所以跟父母产生矛盾、引发争吵，是因为"真希望父母能……"的愿望未能实现，在别扭中慢慢地形成了"一定……"的武断思维模式，在这种思想的支配下，不仅与父母的关系越来越僵，也会影响到其他人际关系。

另一方面，站在父母的立场上来考虑，他们之所以对孩子如此严苛，是源于心中的恐惧和不安，害怕自己"被嫌弃""被指责"，担心"将来会出现不堪的局面"。

这些话、这些道理，人们在听别人讲时，能理解也能接受，可是一旦事情发生在自己身上，往往就变得茫然若失起来。

"我到底希望父母怎么做呢?"

"我坚信的'一定……'到底是什么呢?"

"我到底把自己什么样的恐惧和焦虑强加在孩子身上了?"

……

怎么想也想不明白。

要说这时候应该怎么做,**我认为最好的办法就是"写出来"**。

因为,如果任由"真让人上火!""为什么不理解我?!""心里没底啊,怎么办呢?"这样的负面情绪不断堆积的话,你的脑子就会乱成一团浆糊了。

所以我建议,当你上火时,当你感觉不安时,首当其冲要做的就是把你脑子里那些乱糟糟的情绪和想法写出来。

哪怕写出来的东西毫无逻辑可言,哪怕只是几个零零碎

碎的词语，更不用顾虑写出来的字多么潦草，只管随心随意地"写出来"就行。

总之一句话，就是借用手中的笔将你脑子里一团乱麻似的思绪引导出来。

而且，通过"写出来"，你能看到自身出人意料的另一面。

那是因为，当你过后再来细细琢磨自己写出来的东西时，能够站在客观的立场上做出公正的判断；当你收敛一切情绪后再来审阅自己写出来的东西时，能够冷静地对自身做出客观的评判。

正因为"写出来"具有将负面情绪引导出来的功效，所以我力劝大家这样做。

当你面对父母的作为不耐时，写出来。

当你面对孩子的叛逆无措时，写出来。

……

请一定要尝试"写出来"！

父母到底能给孩子带来什么样、多大的影响,这是难以推测和估量的。但是,我们大可不必因此而顾虑重重,只管堂堂正正地担负起父母应该承担的责任就好。

不管遇到什么事,船到桥头自然直,凡事总归会有解决办法的。

总结

◎ 当你为不和谐的亲子关系烦恼不已时，不妨思考一下自己小时候萌发的"真希望父母能……"的愿望和期待。

◎ 人们在与父母的相处中，为了保护自己不再受伤，慢慢形成了"不再期待"的消极思想，甚至变得"心理扭曲"。"反正"一词是让你认清这一事实的关键词。

◎ 对父母言行的忍耐到了一定的限度，有可能在工作上、与伴侣的相处中爆发出来。这种时候，不必刻意压抑自己，勇敢地向父母说出自己的心声。

◎ "原谅"就是"吃亏"。作为孩子，当你觉得没有得到来自父母的关爱、安全的守护和明确的认可时,要学会用"得不到又能怎样呢?"的想法来开解自己,尽力坦然接受"吃亏",放下过往就等于解放了自己。

◎ 作为父母,不要把诸如害怕遭受外界指责这样的"自己的焦虑""自己的妄想"强加到孩子身上,不要让自己的问题生生变成"孩子的问题"。

第四章

提高情商，轻松改善亲密关系

生活中总会有这样那样不如意的事情发生，有的人彼此爱慕却总会莫名地引发矛盾，有的人为伤害与被伤害苦恼不已，还有的人因爱步入婚姻殿堂发誓共度此生，却在婚后盯住对方的缺点不放，陷入周而复始的无谓争吵中。

本章，我将给大家分析怎么样才能营造甜蜜的伴侣关系，如何做才能做到真正珍爱在乎的人。

担心不被爱,是亲密关系中最大的误区

大家多多少少有过这样的经历吧。

因为他的一句"太忙了!"就不得不取消预定的约会,即使见了面他也是不停地接打电话,要么就是一副疲惫不堪的样子,慢慢地,自己心中就涌起了不满和埋怨,争吵时脱口就说出了"你就这么不乐意和我见面吗?"之类的话。

都是自己主动跟他联系,自己主动提出约会,就连约会的场所和吃饭的餐厅也是自己一个人张罗,即便满心欢喜地问询他的意见,也只能得到一句"哪儿都行,随便"这种明显敷衍的回答。一次两次的,你心中是否生出不安和焦虑,委屈地感觉到在这份感情中只有你一个人单方面地在付出?

慢慢地，你的热情也会冷却下来。

不管说了多少回，丈夫也不会伸手帮你干点家务，嫌你唠叨了，就不耐烦地来上一句"别把自己弄得那么累，差不多就行了呗"。一听他这么说，是不是你就忍不住地上火，愤愤地想："一个家，为什么什么都是我一个人在管？！"

这种时候，你有没有探究过你的心底深处到底隐藏着什么样的想法？

这，就是"不被爱"的想法。正因为你心中藏有"他不爱我"的感觉，所以不管他说什么做什么，你都会觉得"不对"。

明明的确是因为工作太忙没能联系你，可是在"'一定'是不爱我"这种思想的作祟下，你就开始患得患失起来，不安地想："看来，他还是不喜欢我啊。"

在这种"'一定'是不爱我"思想的左右下，一看到对方被动接受的态度，你就会悲观地认为"只有你自己一个人在付出感情"。但是，说不定对方恰恰是这样的想法：我就愿意享受别人给我安排好的一切，真高兴她能安排好约会的时间地点，让我不用操一点心。真是善解人意的姑娘呢！

受这种"'一定'是不爱我"思想的支配，当听到丈夫说"别把自己弄得那么累，差不多就行了呗"时，可能本来只是人家的一句体贴话，你却认定这是他"不想干家务的借口"，甚至冲动地想"这种日子没法再过下去了，我要离婚！"。

所以，当你不满对方的态度继而引发争吵时，当你心生太多的不满从而对感情懈怠时，当你指责对方"为什么不能帮我干点活！这不是你应该做的吗？"时，不妨冷静下来，拷问自己的内心是否抱有"'一定'是不爱我"的想法？

总之，**导致伴侣关系紧张的最大原因，就是在"'一定'是不爱我"的思想下对对方言行的妄加猜测。**

大家可以反过来想想，如果你坚信对方"一定爱着我"，那么即使他没有联系你，你也不会太在意，而是认为"他工作太忙了"，假若他长时间没联系你，甚至你还会担心"这么忙，别把身体搞垮了"。

如果你坚信对方"一定爱着我"，那么你会主动联系他，一想到他乐意把约会的安排都交给你是出于对你的信任和依赖，你就会喜不自禁。

如果你坚信对方"一定爱着我"，当你听到丈夫说"别把自己弄得那么累，差不多就行了呗"时，你会感动，会幸福地想"我嫁了一个多么体贴的人啊！"。

大家记住，你心中是抱有"一定不爱我"的质疑，还是坚信对方"一定爱着我"，会让你的生活发生截然不同的变化。

你不必塑造完美的形象

我收到了 K 女士的一封信。她家是一个四口之家,丈夫,还有两个孩子。在持家、照顾孩子之余,她还干着一份兼职。

她心中充满了对丈夫的抱怨,认为"自己除了忙着照顾家庭、孩子外,还出去干活赚钱,可是丈夫却一点家务也不干,也不管孩子的事儿",于是就愤懑别扭地猜疑丈夫"一定是不爱我了"。

在这种精神状态下,夫妻之间不断发生争吵。有一天,丈夫忍无可忍地说:"老这样可不行,你要学着反省、改正!"听了丈夫的话,K 简直是火冒三丈,恨恨地反击说:

"我为这个家、为孩子做了这么多，你竟然还指责我？！你不看看你自己都做了些什么，该反省的是你才对吧！等你改正了再来要求我吧！"可想而知，他们夫妻之间的关系已经多么紧张。

在离婚与不离之间纠结、徘徊，于是K就拼命地翻阅我的博客，想从中获得启示。品读、思考，突然有一天她豁然开朗，意识到自己对丈夫的语言理解有误，没有体会到丈夫的感受，心情一下子轻松下来。

虽然稍微有点长，但我觉得非常有必要在这儿把K体会到的丈夫的心情和感受写给大家看看。

做家务、照顾孩子，是你的专长，我不知道该怎么做，说实话，也没有想着去做些什么的意识。是，我做得不好的地方有很多，但是我在外努力地为养家赚钱呢。时时围着孩子转，感到憋屈的时候，你出去干点别的活，换个环境换个心情是件好事，可是如果你却因此弄得身心疲惫、焦躁不安的话，那就得不偿失了，这样出去工作又有什么意义呢？凡事不必强求完美，不必勉强自己。没有必要非得一丝不苟地做家务，也没必要非得把家收拾的一尘不染，不想干活时就去超市转转好了，不洗澡就睡觉也不是什么不得了的事儿。

如果觉得钱不够花，那我多加班或者找点别的什么活多赚点钱就是了。家务、育儿、兼职，如果你不这样强求自己面面俱到，不会因此而焦躁不安，而且不把这些情绪迁怒到孩子身上，不对他们大呼小叫的话，那么你会成为一个更加温柔可爱的妈妈和妻子。

看，多么不可思议，就是受到"一定是不爱我"这种臆想的左右，生生把这么好的丈夫恶魔化了。在我看来，这样的丈夫简直就是天使的化身啊。

就是这样，K就是在"一定是不爱我"这种思想的支配下，恶意揣测丈夫本来充满爱意的言行，结果导致夫妻关系的恶化。

我必须提醒大家注意的是，一旦产生了"一定是不爱我"这样的思想，很多人就会更加渴望"被爱""被认可"，于是便会像K这样过于苛求自己，凡事都想做到尽善尽美，结果不仅弄得自己身心疲惫，还造成夫妻关系的紧张。

也就是说，当"我付出了这么多，你却不努力"的不满和"我为家为孩子牺牲了一切，你却只考虑自己，只知道享受"的抱怨在心中越积越多时，会让你变得易怒、牢骚不断，而且你急于证明自己的过度努力也会弄得你身心疲惫，影响到家庭的安宁和夫妻的和睦。

所以，当你越来越看丈夫不顺眼，"只有我自己在努力"的抱怨越来越多时，应该思考一下是不是自己"过于努力""过于苛求自己"了？这时候，希望大家能够稍微"偷懒"一下，让自己放松下来。

这样，你才能感受到"来自丈夫的体贴和爱"，夫妻关系才能更加和睦甜蜜。

放弃无谓的自我牺牲

生活中不乏这样的例子,本是彼此放在心上的恋人、情侣、夫妻,却陷入了彼此伤害的怪圈中。

其实,从某种意义上来说,这样的人恰恰正是"心中充满爱"的人。**他们在乎"对方",爱屋及乌地重视"对方身边的人"**,却单单忽视了最重要的"自己"。就是因为他们过于在乎"对方的感受",结果根本没时间和心思"考虑自己的心情"。

他们一心都在对方身上,处处为对方考虑,所以才会建议对方"你太拼命了,不要过于勉强自己,放松下来!""着眼将来,凡事三思而后行!",或者不惜压抑自己的感受，从各个方面默默地关爱、照顾对方。

他们认为"牺牲自己"才是爱情应该有的样子，觉得爱情就是在两个人的生活中继续坚守来自社会和父辈的教育和告诫。这么想这么做，本身并没有什么错，但是你忽略了一点，在对方心里，这些不是爱情，反而变成了沉重、苦闷和艰辛。

所以，我希望大家不要把所有的精力都投放在对方身上，适当地关注一下自己的心情和感受，放弃无谓的"自我牺牲"和"担心"，不要"把所谓的正当方式强加给对方"。

其实，你一直想说给对方听的"你太拼命了，不要过于**勉强自己，放松下来！**""**着眼将来，凡事三思而后行！**"这样的话，同样适用于你自己。

做自己,只要彼此适应就无妨

翻看读者在微博评论区的烦恼倾诉,听着报告会后观众涌上来倾吐的各种苦恼,突然有一天,我发现一个很有意思的事情。那就是,有些人为了让人认为他(她)是一个平庸之人,就拼命地一而再再而三地做一些傻事。

具体来说,就是有些人故意做事以失败告终,或者有意做一些让人恼火的事情,总之就是为了听到周围人的一句"无能之辈"的评判,无所不用其极,拼命地做一些令人匪夷所思的事情。

也就是说,为了达到让人评价其为"无用之人"的目的,故意犯错。

换句话说，就是希望听到别人怒斥他（她）"怎么又做这种事！"，于是便有意做错事。

听到别人失望地说："你可真是无可救药了！"他（她）就长舒一口气，心安理得地想："看吧，看吧，我就是这么没用。"

大家是不是觉得不可思议，是不是认为这样的人有点心理变态？然而，生活中的的确确存在这样的人，而且数目还不少。

同样是在"努力"，但是他们是与上一节讲到的那种"过于勉强自己，过度努力的人"是截然相反的类型。

一般说来，这种"拼命做错事的人"大抵小时候都曾受过父母的斥责和轻视，"就会做傻事""真没用"之类的判定在他们幼小的心灵上留下了深深的烙印。

相反，那些小时候得到父母"真努力！""真棒！"这样鼓励和赞扬的人，会一直努力，尽力做好每一件事，而且长大后依然会坚持不懈地努力，在各方面表现得都很出色。

在此，我不想评论孰是孰非、孰优孰劣，只是告诉大家，作为伴侣，不管（他）她是"凡事苛求完美，总是看不惯别人的人"，还是"想让大家评价他（她）是无能之辈的人"，只要你们俩觉得合拍，那又有什么关系呢？毕竟是你们两人在经营婚姻和家庭，不是单纯活给别人看的。

人生本就充满了不可思议。

你的爱人，就是你的另一面

有关"选择配偶就是选择天敌"的内容，我曾经在《写给因人际关系而心力交瘁的你》一书中详细讲述过，有兴趣的读者可以去阅读一下。

如果一个人是在父母的训斥中，带着对父母的反感成长起来的话，他（她）一般会坚定地告诉自己要摈弃自身的"易怒因子"，不要像父母那样生活、行事。可是，稍微留心一下，他（她）会发现自己周围基本都是"脾气暴躁的人"，有些事让他（她）意识到"自己内心依然存在易怒倾向"。甚至可以说，他（她）选的配偶就是一个"压不住脾气"的人。

如果一个人不幸摊上一对嗜赌的父母，在贫穷、困苦中成长起来的话，他（她）会"讨厌挥霍金钱的人"，发誓不让自己走上父母的道路。可是，稍微留意一下，他（她）会发现自己周围"挥霍钱财""浪费金钱"的人越来越多。甚至可以说，他（她）选的配偶就是一个"不擅管理家计"的人。

你一路丢弃着自己不认可的、厌恶的东西缓慢而坚定地前行，有个人却一路捡拾着你弃之如敝屣的东西走进你的生活，这个人就是你的配偶。人生就是这么让人啼笑皆非。

也就是说，**你曾经嫌弃的、厌恶的并尽力改正的缺点和毛病**，如今，部分或全部显现在你的配偶身上。他（她）的言行总是让你情不自禁地想起那些不堪的过往经历，所以你会忍不住对他（她）生气上火。

大家不妨也试着想一想，你的伴侣身上有你难以容忍的缺点和习性吗？

如果有，那么这些缺点和习性就是你迄今为止的人生中认为"不可以""不应该"并坚决抛弃的东西。

因为你和配偶是截然相反的两个人，因为你们是"天敌"，所以不可避免地会意见有分歧，会争吵。不过，也不必担心，俗话说"夫妻越吵越恩爱"嘛。

从某种意义上说，夫妻争吵再正常不过了。

坦然接受不足，才能关系和睦

上一节讲到配偶就是自己的天敌，接下来我将为大家分析一下天敌什么时候能够转变成同类，使夫妻恩爱和睦。

如果有人问"假若你是个女（男）的，你会同现在的自己结婚吗？"你将做何回答？

大家不必有所顾虑，并不是非要给出肯定的回答。就拿我来说，即使现在，我依然会做出否定的回答。（苦笑）

不过，即便我没有做出强有力的肯定回答，倒不如说正因为我没给出强有力的肯定回答，所以我才能深感我的婚姻生活还蛮不错。

以前，我对自己一点信心也没有，所以不停地告诫自己："你一无是处，必须努力再努力才能招人喜欢。"于是，绷紧了神经，毫不懈怠地勇往直前。

然而，不管我如何努力还是不行，依然不被人喜欢，因此，对自己越来越丧失信心。

一事无成，没有引人注目的地方，不管是能力、容貌，还是性格，一切都毫不起眼。

有一天，我就在心里问自己："这么努力，结果还是如此，那么一直以来的努力又有何意义呢？努力了，还是这样的结果，那么如果一开始就不这么拼命，结果又会如何呢？"突然就像鬼迷心窍一样，断然决定放弃努力，坦然接受不出色的自己，任由自己随意发展，没想到，反而越来越受到喜爱和认可了。

由此，我意识到：原来做一个随性、真实的自己最轻松，原来如此不济的自己竟然也能得到大家的喜爱。

话虽如此，但我无论如何也不敢大言不惭地说出"最喜欢如今的自己"这样的话。（笑）

如今，对自己的容貌、能力以及别扭的性格，我依然不满意。不过，说是"不满意"，实际上虽然"不至于说是完全改观"，但起码做到了"不再嫌弃"。当然，我说的"不再嫌弃"，不是极端地认为自己这也好那也好，而是"还行吧，还可以吧"这样的感觉。

也就是说，虽然"不太满意自己的不优秀"，但慢慢地能坦然面对和接受自己身上的种种缺点，觉得"这样不出色的自己也未尝不可"。而且，在这种思想的主导下，自然不会再把妻子放在"天敌"的位置上，慢慢地感觉到夫妻关系越来越和睦，人生越来越安稳。

在此，也感谢妻子一直包容、陪伴着吹毛求疵的自己。

就是这样，如果你能坦然面对自己的"不优秀""不出色"和"各种缺点"，觉得这样的自己也未尝不可，那么家庭内部的"天敌"将不复存在。

不仅不会再有"天敌"，简直就是"神"的降临。以前绝对不能容忍的事情，如今能够坦然面对，如此的平和、宽容，你说这不是"神"又能是什么样的人能做到的呢？

改变自己的性格,让双方更幸福

当人们与伴侣发生争吵,面对一地鸡毛的生活苦恼不已时,可能你会忍不住嫌弃自己的性格,埋怨自己的处事方式,并且发誓要改变自己。

"我要改变自己,不能老是那么悲观!"

"我要改变自己,不能那样强势,固执!"

"我要改变自己,不能动不动就焦躁,不能说话那么尖锐!"

"我要改变自己,不能凡事都那么小心谨慎,优柔寡断!"

……

可是，说是一回事，做却怎么也做不到，过了那股热劲，人们便又安于现状、故步自封起来。

但是，我要告诉大家的是，**"性格"绝对可以改变！**

一定要记住这一点，这个思想观念太重要了。我在以前的著书中反复强调过，也在各种讲座中不止一次提到过。

比如，有的人小时候跟随父母的工作调动辗转于各地上学，在不同的环境中接触到形形色色的人，从而形成了开朗讨巧的性格；有的人自幼生长在美国，经历了各种诸如"即便语言不通，也要勇敢地表达自己的主张和诉求，不然别人永远注意不到你的存在"之类的体验，养成了自立，甚至是有些强势的性格。

也就是说，**"性格"是为了适应自己生存的环境后天养成的。**打个比方说，**"性格"就好比是为了适应各种工作环境而创造出来，可以根据需要后续安装的"软件""小程序"。**

所以，当你和伴侣的关系出现问题时，你应该尽力让自己"乐观""豁达""冷静"地面对问题。如果你能做到这些，那么问题马上就能迎刃而解。

总之，你如今的"性格"跟你的成长经历密切相关，可能是你总是遭到父母的训斥，为了保护自己不再受到伤害形成的；也可能是家长太过威严，一切必须听他们做主造成的；也可能是小时候在学校里遭遇到不愉快的经历造成的……简单一句话，你的"性格"是为了适应当时的成长环境而慢慢形成的。

然而，如今的生活环境与当时的成长环境大相径庭，所以为了更好地适应如今的生活环境，大家有必要相应地改变自身的"性格"。

不必妄图"让他人幸福"，而要"自己享受幸福"。

"我家那位，我并没有刻意给她制造快乐，人家自己会随心所欲地找乐子。"这是许多人婚后体会到的感受。

我和妻子，不管是爱好还是兴趣，一点相同的地方也找不到，所以平时都是各自做自己喜欢的事情，几乎没有一起玩过。

我慢慢悟出，虽然你可能做不到给别人带来幸福，但你可以做到让自己随心所欲地享受幸福。

如果你总想着要给他人带来幸福，那么你的生活势必过得非常压抑、艰辛。但是，如果你一开始就对自己有个清醒的认识，了解自己没有给他人创造幸福的能力，那么你就不会郁闷痛苦了。

如果你抱有"必须让他人幸福"的执念，那么你必定会花费时间和精力去寻找不幸或者不快乐的人。

也就是说，你总是下意识地去搜寻那些看似"需要你帮助""陷入困境""遭遇不幸"的人，而且有意无意地你就形成了"只喜欢能够给别人带来帮助的自己""只喜欢能够为他人解决问题的自己"的偏执思想。

所以说，"为他人创造幸福"看似是一件好事，实际上却具有一定的危险性。

换句话说就是一旦你无法给他人带来幸福，你有可能被那种深深的无力感压垮。

反过来说，如果你不是"总想着如何给他人带来幸福",而是"做自己喜欢做的事情",那么会有很多人"由衷"地为你高兴,被你的快乐感染,岂不等同于你间接为他人带来了快乐?

我常常想,人生路上,"只有"这样的人相伴就好。

可以寻求共鸣，但不可妄加揣测

　　上了一天班身心俱疲，结果不仅没有得到任何安慰，反倒被要求"别那么多废话了，快来帮我干活"；情不自禁地感叹"今儿真高兴啊！"，结果一头冷水浇下来，"你怎么总是这么幼稚！"；情真意切地提出"好好谈谈心吧！"的请求，结果被一句"没心情"给怼了回来……

　　很多时候就是这样，明确表达出自己的心情和心意，却得不到赞同和共鸣。即便是成年人，亦会因此而黯然神伤。

　　遇到这些情况时，我也毫不例外地会感到沮丧。不过，结婚数载，经历了无数次磨炼，我已经能做到宠辱不惊、泰然处之。人呢，就是在千锤百炼中成长起来的。

磨炼我的，就是我妻子。我这么一说，大家就明白了，我妻子就是一个不会与人产生共鸣的人。

有一次，我们一起去外边吃饭，吃的是汉堡包。味道挺好，我对坐在对面的妻子说道："很好吃吧？"

可是，等了半天也没听到妻子出声。"难道是没听见？"我下意识地往前探了探身子。

想着她是没听见，于是我提高声音又说了一遍："很好吃，对吧？"这次，终于听到了她的回应，却不是我希望的共感，她只是轻描淡写地说了一句："一般吧。"

听了这样的回应，我霎时没了兴致，口中的汉堡包也变得索然无味了。

这种时候，心里一起波澜，有的人可能就妄加揣测起来：一定是根本不在乎我，所以才不会产生共鸣；一定是觉得我无所谓，所以连回应都懒得回应……

但是我可不想这样，于是就直接问妻子："你不跟我说话，是心情不好吗？"

没想到，我刚说完，妻子马上开口说了一句"哪有的事"。"不是心情不好，那你怎么不跟我说话？"我又接着说，"你的反应自然会让我觉得是你和我待在一起很不开心""反正我觉得很不好受"……这样几个回合下来，妻子突然说："哪有不愿意和你待在一起？不是正在和你一起吃着饭吗！要是讨厌你，我能和你出来吃饭？！"

通过我的这个例子，大家谨记：**虽说"没有与你产生共鸣"，虽说"没回应你"，但并不代表"讨厌你""不愿意和你在一起"**。生活中这样的事情很多很多。

有可能情绪不佳，也有可能饭菜确实没什么特色，所以只是坦白地讲出了自己真实的感觉。作为妻子来说，她是觉得"自己的丈夫又不是外人，不用顾忌那么多，不回应也无妨"，所以才没有做出礼节性的共感回应。

也就是说，**很多时候没有得到回应的原因并"不在我们自己身上"**，而是有其他这样那样的因由。

希望大家记住，没有得到别人的共鸣时，你可以"伤心""失落"，但是不可以受"一定是……"的妄想左右，从而恶意揣测他人的行为。

学会相互确认理解偏差

结婚之后，我有一个惊人的发现，那就是我和妻子对很多事情的理解和感受有偏差。我曾经在第一章详细论述过我俩对"撒娇"的不同理解，那种偏差自不必说了，我觉得我妻子从来没做过我所认为的"体现爱意"的行为，她就是一个凡事不喜表达的人。

什么也不说，也不在态度上表现出来，所以刚结婚时，我完全猜不透她的心思。

但是，我的原则是不明白就问，坚决避免因猜疑造成的关系紧张，所以就直接问她了。

"你觉得你做的什么事儿能体现出对我的关心和爱？"

听到我这么问，妻子明显很吃惊，一副不可思议的样子，但还是给了我答案。她说："我天天给你做饭，对吧？"听了她的回答，我一时没转过弯来，顺着她的话说道："是，是，你天天给我做饭。"

妻子接着说道："天天给你做饭，不就是爱你的表现吗？"

我简直惊呆了，太出乎意料，任我怎么想也想不出会是这样一个答案。原来，在妻子看来，"爱情就是洗手为他做羹汤"，这和我想象的爱情完全不同。

所以，为了夫妻关系和睦，我们必须定期总结诸如此类**的理解偏差，并适时地做出调整。**

而且，为了彻底弄明白这种"夫妻感受的差异"，避免不必要的矛盾产生，根据我自身的经历和经验，**建议大家一定要不带任何情绪地温言询问对方言行的"意图"。**

这样，才能加深彼此的理解，才能夫妻和睦。

最后，我还是想再次强调一下态度的问题。比如，同样是"为什么？"这三个字，你如果带着指责对方的情绪去询问，可就大错特错了。

毫无保留的坦白，有助于消除不必要的误会

前面已经提到过，在处理人际关系时，"说出内心真实的想法"非常重要。但是，有不少人对"坦承心声"有不小的误解。

有些人心想"不是要坦承内心吗？那我怎么想的就怎么说出来，即使伤了人也没什么大不了的"，于是就口不择言地说出一些难听的甚至骂人的话。这种想法从某种意义上讲不能说不对，但是犯了根本性的错误。

也就是说，认为"即使伤人也不要紧"的这些人，他们一开始就错误地认为"说出自己心中所想必定是对对方的

伤害"。

由此往深里说，"假如对方感觉受到了伤害，那么就意味着你说出的话很有可能并不是你'内心真实的想法'"。

为什么这么说呢？我讲一个职员A的故事，大家看了就明白了。A有一个四口之家，妻子，还有两个孩子。

妻子是一个家庭主妇，但还额外干着一份零工，与其说是太忙了顾不上好好收拾家，倒不如说她本来就是一个不善理家的人，所以家里总是乱糟糟的，物品到处乱堆乱放。母亲的这种做事风格很大程度上影响到了孩子们，两个孩子与妻子很相像，也不太会收拾整理。可偏偏A又属于那种看到清清爽爽的家心里才觉得舒服的类型。

想找的东西经常找不到，孩子们也是这也不会收拾那也不会整理，所以A不免担心起来"长大了，可怎么办呢？"。

可又不愿意因这些事吵架，所以一到周末，A就提醒妻子收拾收拾家，自己也动手帮着一起干。

然而，随着工作岗位的变动，A工作越来越忙，压力也越来越大，回到家再看到一团乱糟糟的样子，就不由得越发心烦气躁，到了休息日，虽有心想着自己动手收拾收拾吧，可是疲累得一动也不想动。

于是，夫妻之间开始不断发生口角。每次争吵时，A一想到妻子"平时连家都不知道收拾收拾"就更加上火。

A错误地认为他心里想的"作为一个妻子，连家都收拾不好，让我很不满意""实在不喜欢这么邋里邋遢的妻子"，于是他"要说出来的真心话"。可是一想到"说出这些话势必会伤害到妻子"，于是每次又把冲到嘴边的话咽了回去。

大家注意到没有，这些"真心话"看似是A内心真实的想法和当时的感受，但其实满是"指责妻子缺点的语言"或者"埋怨妻子行为的语言"。也可以说，纯粹是对妻子的挑剔甚至攻击。

然而，实际上，"表达心中所想"的"心声"并不是攻击性的语言，而应该是"自己的感受""自己对当前问题想当然的理解和感觉"。

也就是说，A真正要表达的应该是"我工作这么忙，每天这么辛苦，家本来是让我身心放松的地方，结果看到的是一团乱糟糟的景象，我自然就会想当然地认为这说明你根本不在乎我，不体贴我，所以心里很不好受"这样的感觉。

一定要这样把"自己心中对问题想当然的解读"毫不保留地倾吐出来。

比如，"看到你的态度，我想当然地会产生我在你心中没有什么地位，所以很伤心"这样的感觉。

大家记住，真正的"表达心声"是明确地告诉对方，"持这种态度的你"就像一条"导火索"，引爆"我"心中曾经的不美好的记忆，我要把这些感受讲给你听。

换句话说，所谓的心声，就是告知对方"对这个问题，我是这么认为的""对你的言行和态度，我是这么理解的"。

总之，"心声"不是"指责"而是"坦白"，是"对自己理解问题的看法和习惯"的"坦白"，有时甚至可能是有点被害妄想症倾向的"坦白"。不过，这种赤裸裸的坦白，总归是有些难为情吧。

这有点类似于第一章提到过的情况，虽然倾吐了"自己内心真实的感受"却没有得到对方的理解和认可，甚至反倒惹得对方恼羞成怒，又或者是那种"感觉太难为情而有意无意忽略了的内心真实想法"。

但是，不管怎么说，坦白不会伤害到对方，因为这是一种自己想当然的、**被害妄想症似的内心坦白**。（笑）

"说出来必定会伤害到对方的思想前提"与"如果伤害到对方，也能接受这种结果的思想准备"之间，还是存在着微妙差异的。我认为，相比害怕出现"伤害到对方"的结果，不管结果如何都能坦然接受的思想觉悟更重要。

勇敢行动，才能带来新体验

我选择做心理咨询师，当时尽管是出于自己所学专业是心理学，懂心理知识的考虑，但最主要的还是想学以致用，在实践中检验所学。

在人际交往中，没有什么是绝对正确的，也没有什么是绝对错误的。

有很多书中宣称教给读者"这样做才正确"的技巧，"某种情况下应该如何应对"的策略，但我认为那些都称不上是绝对正确的方式和做法。

不可否认，通过阅读那些书，大家能够"了解"一些技巧和知识，有时仅仅凭借这些技巧和知识也能解决一些问题。但是，最根本有效的处理方式，还是来自于书本之外，即在实践中摸索出来的。

所以，大家一定要把从书上学到的技巧和知识付诸于实践。这是因为在实践的过程中，**能够获得"新体验"，而这些"新体验"能让你意识到自己的"理解错误"，能够修正那些"一定""反正"等错误思想。**

在与妻子的吵吵闹闹中，我慢慢体会到，你越抱怨对方，就会越暴露出你蛮横丑陋的一面，彼此就越看不顺眼。妻子和我都坚持己见，互不妥协，结果就会生出"为什么不理解我？"的质疑，相互埋怨"为什么就不能按我说的去做？"。

这时，如果你意识不到"坦白心声"的重要性，就很难走出这个误区。

作为一个心理咨询师，我经常会冠冕堂皇地告诉别人应该怎么怎么做，其实我知道自己也难以完美地做到那些，每次和妻子吵完架后，也是很长时间才能清楚地意识到自己的不足。

在反省的同时我也体会到，因为我是一个心理咨询师，不仅掌握相关知识，而且能够运用相关知识指导实践，所以才能比普通人早日解决问题。

多亏了这些实践中的"新体验"，让我得以改正自身的缺点，以尚可的形象站立在大家面前。

总结

◎ 在"一定是不爱我"的思想前提下,人们容易妄加揣测对方的言行,所以大家要学会用"一定爱我"的积极思想指导自己的行动。

◎ 结婚对象身上往往带有你一直以来厌弃并努力改正的缺点。记住,配偶那些让你感到难以忍耐的言行,其实就是你认为"不可以"并坚持摈弃的行为。

◎ "为他人创造幸福"看似是一件好事,实际上却具有一定的危险性。我们不必妄图"让他人幸福",而先要学会"自己享受幸福"。

◎ 夫妻再亲密，但毕竟是两个具有独立思想的个体，所以对同一件事会产生"不同的感觉"实属正常。为了夫妻关系和睦，我们必须定期总结诸如此类的理解偏差，并适时地做出调整。

◎ "表达心声"是"对自己理解问题的看法和习惯"的"坦白"，有时甚至是带有被害妄想倾向的"坦白"。

第五章
所谓情商高,就是会说话

我非常重视"一句话"的作用。有时候"一句话"能给整个事件带来转机，有时候无意中的"一句话"能让人看清自己的内心。

所以，我非常重视具有这种功效的"一句话"，把它称之为"魔法语言"。

本章重点给大家介绍这种"能够扭转人际关系"的一句话，称得上是一篇"魔法语言集锦"。

平息怒火的一句话——算了，算了！

大家可能多多少少都有过这样的经历，提醒了很多遍，可对方仍然不改正，这时你会忍不住怒火中烧，你说一句"你说说你……"，他（她）马上回一句"你呢？每次都这样！"，就这样你一言我一语地几乎要吵起来。

不管是在家里还是在办公室里，都会遇到这种战火一触即发的情况。这时，很多人往往控制不住情绪逞了一时口舌之快，可是过后，又会后悔地想"我当时要是不说那样的话就好了"，或者懊恼"怎么又吵起来了"。

所以，为了避免这种无意义的争论和争吵，我建议大家提前在心里默念一句话。

这句话就是，"算了，算了！"。

说这句话时，你必须保持"不屑与他（她）计较"的姿态，带着"算了，原谅他（她）吧"的宽容心理。

丈夫不仅不帮你干活，还一个劲地叨叨什么"累死了""一动也不想动了"，看到他这个态度，你势必会生气上火，但这时，你要记住在心里说一句"算了，算了！"。

妈妈又开始唠叨："你想没想过将来？你说你老是这样不知道刻苦学习，以后怎么办？……"当你不耐又无奈时，记得在心里说一句"算了，算了！"。

不管你说了多少遍，孩子不仅不收拾，还犟嘴说："爸爸脱下来的衣服也随便扔随便放，妈妈怎么就不生气？"在你发火之前，记住在心里说一句"算了，算了！"。

部下毫不羞愧地说："你不给我讲清楚，我怎么知道该怎么做！"面对他的狂妄，你要记得在心里说一句"算了，算了！"。

很多时候，你只要在心里默念这么一句话，就可以平息怒火，冷静下来。这样，多少可以避免那种毫无防备的且毫无意义的争吵。

这也是一种"算了，现在不是跟他（她）计较的时候"的心理。因为在一个人失去理智的时候，不管你说什么，他（她）都不会理解，也不会接受。

你是冷静的，你是心胸宽广的人，所以就原谅他（她）吧！

当你不愿意跟他（她）计较，心中已经决定原谅他（她）后，如果还是压抑不住想说出心里话的想法，当然可以说出来。

只是，你想过没有，在这种剑拔弩张的情况下，你说出的话往往偏离了你的"本意"，变成"你应该……""你必须老老实实地……"这样的说教和责备。所以，我还是建议大家这时候不要急着说什么，给自己一个冷静下来的时间，然后你可能就会在心里平静地告诉自己"算了，不说也罢，现在不是跟他（她）理论的时候"。

终结猜疑的一句话——他只是没有这方面的经验

无论夫妻之间、亲子之间、朋友之间，还是上下级之间，都有意见分歧的时候，都能碰到感觉对方"不理解自己"的情况。

人在"被否定""不被认可"的情况下，自然会情绪低落，从心里发出"为什么就不理解我呢？"的疑问。

针对这个"为什么不理解我呢？"的疑问，答案非常简单。

这就是，"一个人对自己从未经历过的事情，自然理解不了"。

很简单，我一说大家就能想明白，两个人"身处的场所不同""成长的环境不同""立场不同""责任不同""男女身份和心理不同""思想观念不同""性格不同"……怎么能马上就能做到彼此理解呢？

归根结底，**"没有其他原因，只因为对方从来没有过这方面的体验和经历"**。也就是说迄今为止，两个人的人生经历全然不同。试想，出生地和生存环境不同，拥有不同的父母、兄弟姐妹以及朋友，自小经历了不同的人和事……那么他们由此形成的价值观，对事物的理解和接受能力又怎么会相同呢？

所以，你遇到的那些让你发出"为什么不理解我呢？"的质疑的事情，**未必就是对方对你的否定，未必就是不重视、不在乎你。**

因此，在你生气上火之前，我建议大家试着在心里对自己说这样一句话。

"他（她）只是没有这方面的体验和经历。仅此而已，无他。"

同样的道理，当你质疑对方"为什么做这种事？""为什么连这点小事都干不了？"时，答案同样还是"他（她）只是没有这方面的体验和经历"。

对方只是基于他（她）自身的经历和经验，做出了"这样做"或"不这样做"的决定。是的，"仅此而已"，并没有其他的意图和目的。

就是这样，对方未能明白你的意图或不理解你的感受，**"只是因为他（她）没有这方面的经历和体验""不会有其他原因和理由的存在"**。

所以，大家不可妄加猜测，更不可多加猜想，胡乱联想。

自我纾解的一句话——你呀，就是个不会处理怒火的笨家伙

上中学时，我曾经跟同学打过一架，至今难忘。那个同学戴着一副眼镜，当时我一拳头砸在了他脸上，结果眼镜碎了，划伤了他的脸。

直到现在，体育老师笑骂我的那句话还言犹在耳："你呀，就是个不会打架的笨蛋！"。当时，老师还说了一句话："就不能看准了地方再下手？！"

现在想来，作为一个老师那样说有点欠妥。(笑) 但是，那的确是让人"恍然大悟"的一句话。

打人的事儿，在那之前，我只干过一回，也是中学时候

的事情了。有个家伙嘲笑我，于是我抡起拳头向他头上打去，结果不仅伤了对方，自己的手背也受了伤。我打架的经验几乎为零，也就是说我不知道该怎么打架，也不习惯打架，所以一旦打起来就被怒火冲昏了头脑，什么都不管不顾了，就知道瞎打一气，逮着哪儿算哪儿，结果伤人又伤己。

于是，那段时间，体育老师就教了我很多，让我了解甚至是学会打架。（笑）

但是，大家不要误解，他教给我的绝对不是"来，我教你怎么打得稳、准、狠"这样的动作和技巧，而是告诫我**"平时，若不把心中的怒气抒发出来，一旦动怒就会失控"**。

如果你不习惯打架，跟别人起争端时，就不可能圆满地处理问题，甚至有可能严重伤害到对方，也伤及自身。同样的道理，如果你认为"怒气"这把利刃太可怕，于是就把它一直压制在心底的话，那么一旦有什么事触发了它，它便会冲破桎梏，脱离你的掌控，严重伤害到别人。本来是一把有用的刀（感情），却落到伤人的下场。也就是说，如果你不能有效地使用它，那最终只能是一个滥用的结果。

总之，不管是"打架"还是"发怒"，如果你不习惯、

不擅长，那么一旦起了争端，就只能落得一个"技巧拙劣使用"的后果。

没有"怒气"的人生，不能不说是安稳的人生。但是，也有可能只是你还"没遇到什么大风大浪"，或者是你有意识地"压制"它，"逃离"了"怒气"才走到现在。

那些没有抒发出来的"怒气"长年积聚在心里，一旦有什么事触动了开关，它便会骤然爆发出来，完全脱离你的控制，结果处在恐惧、失措中的你便会做出丧失理智的举动来。

所以，不能强行压制"怒气"，而要合理地把它释放出来。

也就是说，要"敢于直面争端""敢于表达自己的'嫌弃'"。

我认为大家有必要学会让自己活得真实、自然。

但是，必须强调一下，我说的"活得真实"绝不是提倡大家"随心所欲地发火"或"肆意地打人、伤人"，而是建议大家为了正视自己的内心，不妨尝试极端一回，合理纾解心中积压的怒火。

拿我来说，如今，我依然会有压不住火气的时候。但是，是因为"不想对那个人最终生厌，不再来往"，才会对他"发火"，才会明确表达出自己的"不满意"。

所以，当你感觉出自己有意无意地在"压制怒气"，"避开表达对别人的不满"时，就像体育老师笑骂我"你呀，就是一个不会打架的笨蛋！"，那样，试着对自己说一句"你呀，就是一个不会处理怒火的笨家伙"吧。

这样，或许你就能迸发出"抒发怒气""表达不满"的勇气了。

激发改变的一句话——我不要再做"好人"

在职场上,一旦与自己尊敬的人、在乎的人、信赖的人的关系起了变化,有些人就动了辞职的念头。

在家庭、恋爱生活中,一旦与爱人、恋人关系紧张,有些人就起了离婚或者不想结婚的心思。

有时候人际关系的恶化,也是没办法的事,不是靠你一己之力能扭转的。不过,如果让我给个建议的话,我会劝你"在做出辞职或放弃结婚的决定之前,先下决心放弃做'好人'"。

我说的"好人",并不单纯是大家生活中普遍认定的人品好、性格好的意思，在不同情况下，也可能是"能干的人""努力的人""正直的人"……总之，在做某个决定之前，先试着改变自己。

如果你压制不住辞职的冲动，那么说明在单位、在工作中，你"一直在忍耐"，有"想说却一直没说出口的话"以及"想做却一直没做的事"。

比如，有些工作你非常想去承担，可是又觉得自己提出来或许会让领导为难，于是最终还是选择了沉默，或者是你非常希望领导能认识到你的工作能力，能给你的工作做出相应的调整。

如果你的愿望一直没实现，如果你想说的话一直憋在心里，时间长了，你就会产生"反正不行"的消极思想，任性地把领导和公司想成是恶人，结果越发地沮丧，愤恨地认定领导"不了解你""不理解你"，觉得自己"受了不公平对待""没有得到相应的回报"。

那么，这个时候，你要下决心做的，不是辞职，而是坚定地告诉自己"我不要再做一个好人"。

就是说，在做出辞职的决定之前，先放弃做一个好人。那么这就意味着，上司交给你的活儿你可以不用再打起十二分精神去干，也不要再为了公司而拼命。这些就是在你做出"辞职"决定之前，应该做的事情。你可以"放纵自己任性"，直截了当地提出"我要做这个工作！"的要求，也可以明确表达出"这种行为很让人讨厌！"的不满。

同样的道理，**在"放弃结婚""放弃婚姻"之前，先放弃做一个"好妻子（丈夫）""好父（母）亲""好恋人"。**

也就是说，有不少人在家庭生活、夫妻关系上，"一直在忍耐""想说的话一直没有说出口""想做的事一直没能做到"，于是就把伴侣想象成恶人，胡思乱想地认定他（她）"不理解自己""不体贴自己""自己没能得到应有的回报"，结果发展到觉得"这样的生活实在难以再继续下去了！"

那么，这时候他们要做的，不是"放弃结婚""放弃婚姻"，而是宣告"我不要再做好人"，并且尽情地做自己想做的事，说自己想说的话，果断舍弃自己不想做的事不想说的话。

事已至此，那么我就建议大家带着"不要再做好人"的心态干脆把那些"以前从未敢尝试过的事情"坚持到底。

尤其对那些动不动就埋怨对方"为什么不能……？"，总喜欢要求对方"你应该……"，或者一副优等生派头，动不动就义正言辞地讲大道理的人，我强烈建议他们应该尝试改变自己。

消解疑问的一句话——这是怎么回事？

接下来，我要讲的是前段时间和妻子去不丹旅游时的一点感悟。说实话，不丹是一个发展中国家，我觉得在便利、舒适、整洁、礼仪等各个方面都与日本相差甚远。

在一家寺院，当地的导游建议我们"尝试一下冥想"。我要讲的感悟，就是在冥想期间脑子里冒出来的一句话。

这句话就是，"这是怎么回事？"。

不丹的道路坑坑洼洼，自来水管等设施就那样裸露在外面，这让我觉得非常不可思议。

这是怎么回事？

道路两旁到处散落着垃圾,还有牛粪。

这是怎么回事?

想到这些,我脑子里又出现了形形色色的场景。

孩子们不去上学。这是怎么回事?

贫穷落后。这是怎么回事?

男人可以娶多个妻子。这是怎么回事?

浑身疼痛。这是怎么回事?

遭到无礼对待。这是怎么回事?

……

这些显然是令人不快的事情。我建议大家针对眼前的问题,一定要问一句"这是怎么回事?"。

或许就在你问出"为什么"的那一瞬间,那些纠结在你心中的问题会瞬时消失不见,而且你会发现这些本就算不上是需要你为此劳心伤神的问题。

总结

◎ 当对方的言行让你生气上火时,带着"无需跟他(她)计较"的心理,在心里对自己说一句"算了,算了!",这样就可以减少没有意义的争吵。

◎ 当你觉得"对方不理解你"而委屈生气时,告诉自己一句话:"只是因为他(她)没有这样的体验和经历,仅此而已,无他。"大可不必妄加揣测其他的原因和理由。

◎ 如果平时不把心中的"怒气"抒发出来,一旦碰到引爆开关,积压的怒火便会喷薄而出,导致你做出失控的行为,所以不必刻意地压制"怒气"。

◎ 在做出辞职、放弃婚姻的决定之前，宣告自己"不再做一个好人"，尽情地说自己想说的话，做自己想做的事。

◎ 不管遇到什么问题，试着问一句："这是怎么回事？"这样，你会感悟到一直纠结在心头的问题根本不是什么大不了的事，之后你就可以静静地享受释然后的轻松了。

第六章
你的情商,
决定你的人生高度

大家或许都有过这样的体验，一直告诫自己"要为构建和谐的人际关系而努力"，可是往往因为一点点小事又陷入了无谓的争吵中，过后又不住地懊悔"啊啊啊，怎么又吵起来了？！"。但是，尽管如此，我们绝不能灰心丧气，而要保持"即便如此，我依然要继续努力"的决心和斗志，继续为构建和谐的人际关系而努力。

本章为大家介绍一些构建和谐人际关系的技巧和注意事项，希望大家能熟记，并在日常生活中反复实践，最终成长为一名善于处理人际关系的达人。

不可妄自菲薄，拒绝"下位"思想

生活中我们往往会碰到这样的困惑，明明很在乎对方，怎么就一而再再而三地因一点鸡毛蒜皮的小事拌嘴、吵架呢？

这时候，大家一定要记住一句话。这句话，我已经不止一次地强调过，那就是"不能恶意揣测，不可心态消极"。

我还是先给大家讲一个家庭主妇 M 的故事。休假期的最后一天，M 看到那些成堆的家务活，再看看自顾娱乐的孩子和老公，不由得郁闷不平起来，"工作、家务、孩子，都是我一个人操心。放假了，你们想怎么享受就怎么享受，凭什么就我不能放松放松，而是不得不独自面对这干也干不完的活儿！我是你们的免费保姆吗，而且是二十四小时不得停歇的那种？！喂——！能不能有人体谅体谅我，别一个个心安理得、理所应当的样子！"

听了她的牢骚，丈夫温和地说道："这就是男女分工的不同啊。"道理是这个道理，可M心理上一时还是难以接受。这时，丈夫又添了一句，"不管怎么说，男的就是来衬托女性的完美的。你所做的才是最重要的。"接着，又说了一番话，"男的负责养家糊口……正是有了家庭主妇的存在，生活才能安稳、美好。你就是太阳一般的存在，我们都必须围着你转。"

听了丈夫的这一番话，M心中产生了一种前所未有的感觉，"自己原来这么重要呢，原来如此被家人深爱着啊"。心情一下子明媚起来，眼前的世界仿佛都随之变了个样，不由感叹"换种心态看待问题，原来如此美好呢"。

一直以来，M都是把自己定位为"家庭的保姆，自己的工作就是伺候好丈夫和孩子，让他们过得舒服"，正因为她一直带着"我就是一个干杂活的"这种轻看自己的心态，所以总会心浮气躁地觉得"永远有干不完的家务活"。

然而，经过丈夫的开解，她转换了固有的思想，认识到"自己就好比家庭这个队伍的领队，丈夫是支撑整个队伍的绝对主力，担负着赚钱养家的责任。而自己作为领队的任务就是提供后援，督促队员努力拼搏"。这么一想，顿时觉得眼前的世界都好像变了样。

不得不说，M的丈夫真是一个睿智的人。

听了M的故事，可能很多人的第一反应是，"我一定要把这个故事讲给丈夫听听"或者"我一定要让丈夫看看这本书"。

你要是这么想，那可就错了。看了这个故事，在要求对方怎么做之前，你首先要认识到"原来主妇应该保持这样的**心态**"，然后努力去改变自己的固有思想。

而且，还有非常重要的一点需要大家记住，那就是"**不可妄自菲薄**"。

记住，正是因为你擅自把自己摆在了"保姆""杂务"的位置上，所以才会滋生怨气，才会觉得自己受到不公平待遇。

比如故事中的 M，她就是把自己摆在了"仆人""保姆""杂役"这种"轻视自己"的位置上，所以才会心情郁闷，才会忍不住发牢骚。

看到这儿，大家应该明白了，如果一个妻子擅自把自己放到"下位"上，那么不管遇到什么事，她总是习惯往不好的方面胡乱猜测，时间长了必然导致夫妻关系紧张。

因此，奉劝大家认真思考一下自己的家庭生活，切记：

不可擅自将自己摆在"下位"。

不可囿于"下位"思想，妄加揣测家人的言行。

摈弃"反正……"的自暴自弃思想。

以"必定……"的信念指导自己的行动

我先给大家讲讲我朋友家儿子的故事。

朋友的儿子就读于一所以体育著称的中学,学校里既有专门的体育班,也有从各地市选拔上来的体育特招尖子生。朋友的儿子是正常考进去的、普通班的一名学生,但是就是这样一个普通班的学生,竟然在高中最后的全国体育比赛中,以正式选手的身份入选了首发阵容。

这简直就是"奇迹"啊!朋友为此惊呼连连,直言根本没想到,于是就问孩子:"儿子,你是怎么做到的呢?"她儿子是这样回答的。

"刚入学时,我被编入实力最差的队伍,从那时起,我就一直拿正式选手的标准严格要求自己,努力练习,把每一次比赛都当作全国比赛来认真对待。"

从这个孩子铿锵有力的回答中,我们可以真切感受到对他来说,"梦想""目标"不只是单纯的想法和愿望,而是"预定"。

也就是说,他制定的不只是"想……"的梦想和目标,而是一步一个脚印踏踏实实前进的"计划""安排"。

由此,我们可以领悟到,不可不切实际地"想……",而应该制定出切实的"计划"指导自己的行动。

比如,同样是"想去北海道"的愿望,如果一个人只是有这么个"想法",而另一个人是有这样的"计划",那么他们接下来的行动会明显不同。

如果只是"想法",可能因为这样那样的事情和理由,最终只是想想就过去了。与此不同,如果是"计划",那么接下来自然会积极地订机票、订酒店,查看北海道的天气情况,准备合适的衣服,为出行调整时间。

对，就是这样，如果不只是"想法"而是"预定"的话，会自然而然、积极主动地做好相关准备。

那么，这样的心态和行动同样适用于我们"构建和谐的人际关系"。

为了"构建和谐关系"，我们首先必须扭转"一定是……"这种自以为是、妄加揣测的思想。比如，把"一定是不爱我"的武断揣测反转为"一定是深爱我"的思想前提。

换句话说，就是不管什么时候，面对什么样的问题，最好在"一定是深爱我"的思想前提下展开行动。

如果认为"自己一定被深爱着"，那么你会怎么说？

如果是在"一定深爱我"思想前提下，你又会怎么做？

可以想象，如果你每天都保持着"自己被深爱着"的认知和心态，那么你说出的话、做出的行动肯定和现在不一样，而且，夫妻关系、家庭生活肯定也会发生翻天覆地的变化。说不定也会像那个最终成为主力队员的孩子一样，创造出属于你的"奇迹"。

所以,大家要记住,在生活中要以"被深爱着"的思想前提指导自己的言行。这样,一定会有"奇迹"出现的!

表达真实心声，消除情绪郁结

在本书中，我已经多次强调过"坦承心声"的重要性。

不可否认，将自己内心真实的想法传达给对方非常重要，但是有时候，我们想对对方说的话又实在难以说出口。

比如，想对妻子说"希望你能更加在乎我"，对丈夫说"希望你能体贴我一点"，对上司说"希望领导能看到我的实力和能力"，对父母说"希望你们能多关爱我一些"……这样的心里话，我们总会觉得太难为情，实在无法轻轻松松地说出口。

也就是说，我们心里很清楚这些话就是自己内心真正的想法，可是能不能做到直接说出口，又是另一回事了。

我认为，如果面对对方实在说不出口，不说就是了。可以把这些想要传达给对方的心声自言自语地说出来，假想对方就站在自己眼前。

"希望你能更加在乎我。"

"希望你能更加爱我。"

……

就这样想象着对方就在自己面前，说出想说的话就可以了。然后，你就能深切感受到内心世界层层展开，露出了最真实的一面，"啊，表面上我对你各种指责，不断对你发火，其实我只是单纯地想让你更爱我一点啊。"

人呢，只在心里想想，与用嘴说出来，感受大不同。比如，只有你把"好寂寞啊"这几个字说出来后，才会真切地感受到"哦，原来我是这么孤独"。

我认为"**说出来能消除心中郁结**"。如果你能做到把自己的感受说出口，那么你就能认清自己的内心，也能感受到"被理解"的欣喜。换句话说，就是"说出来"可以消除心中的郁结，治愈心灵的创伤。

自己能够认清自己的内心就足够了。

所以，请大家记住，虽然向对方传达自己的真实想法是最重要的，但是在难以直接说出口的情况下，想象着对方就站在自己面前，自言自语地说出来，可以得到同样的效果。

放弃无法转变的思维，事情就会有转机

一般来说，那些把人际关系搞得一团糟的人，通常与父母的关系也好不到哪里去。

在他们小的时候，诸如"希望父母看到自己的努力""希望父母分一点关爱给不甚优秀的自己"之类的愿望始终未能实现，这种沉积在心底深处的爱的缺失感直到现在依然对他们的思想和行为有着不可忽视的影响。

也就是说，他们小时候对爱和认可的渴望，如影随形般一直伴随着他们长大成人。

每当与领导、同事、朋友、恋人、妻子（丈夫）的关

系出现问题时,过去那些惨痛的记忆和感觉就会再次翻滚在心头,自然而然又会再次自暴自弃地想:"果然我就是无法得到认可,无法得到爱啊。"

这一切都是由他们那种"我一定得不到认可""他们一定不爱我"的臆想所导致的。

所以,在这种情况下,"摈弃想当然的'一定……'的思想"非常关键。但是,往往道理大家都懂,也能接受,可就是做不到。

那么,面对这些诉苦说怎么也做不到的人,我想问他们一个问题。

无论自己做的好不好,你都希望父母能认可你,关爱你,那么反过来说,如果父母从不表扬你,没能多爱你一些,你能做到认可、爱这样的他们吗?

答案显而易见,一定做不到吧?

即使他们已经到了和父母当时一样的年纪,有了父母曾经的体验和感受。总想着"不管孩子优秀不优秀,我都要无条件地鼓励、爱我的孩子"。可是,肯定也没做到吧？

不管怎么说，你要想"无论在什么情况下，无论面对什么样的孩子，都无条件地认可、爱他们"，几乎是不可能的。往深层里说，就算父母有心并且的确是这样去"无条件地爱着自己的孩子"，可是他们也很难有办法让孩子感受到这一点。

此外，我们也要认清这样一个事实，在小孩子的眼里，父母是了不起的存在，是"完美的"。可是，等他们长大后，才发现事实并非如此，父母根本不是无所不能的，也谈不上什么完美，就是普普通通的人，他们与自己一样，会被一些琐事困扰，并为此苦恼，甚至会偶尔做出不成熟的举动。

不要被定势思维束缚

人若陷入总觉得"出事了！"的误区中，自然而然会产生不安和恐惧，继而影响到与他人的沟通和交流。也就是说，从你对眼前问题做出"不行""可怜"的断定开始，人际关系就拐上了"磕绊""裂痕"的歧路。

例如，当你遇上"丈夫被公司开除""孩子考试没及格""父（母）亲患了癌症"等问题时，你会怎么想?

你是不是觉得太"可怜"了太"不幸"了？或者，你是不是认定当事人"一定很痛苦""一定很难受""一定很难过""一定很悲痛"？

实际上，谁也不能断言有过这种经历的人是不是真的就觉得自己很可怜，很不幸，只不过是我们外人想当然地把他们和"不幸""可怜"联系在了一起。

我们认定了事情是"不幸""可怜"的，所以开始苦闷起来，心中惶惶地感觉像是"出了天大的事"，在这样的情绪下，看到周围人无动于衷的样子，就忍不住出口斥责"都到这时候了，你能不能上点心？"，或者义正辞严地要求别人"你应该慎重考虑一下对策"，这样一来，怎么可能不引发争吵？

我是在与妻子去不丹的旅行中，突然领悟到这些的。

在不丹，有一次我们路过一座拥有数百年历史的铁桥。虽说是铁桥，但毕竟是几百年前建造的，而且经历了几百年的风吹日晒，锈迹斑斑，看上去一点都不结实。

我胆战心惊地不敢迈脚，不安地想："这座桥真的没问题吗？"然而，反观当地人，无不泰然自若地昂首阔步走了过去，尤其是小孩子们，甚至蹦蹦跳跳、打打闹闹地跑了过去。

为什么会出现这么大的反差呢？我脑海中突然蹦出了一个词——"信赖"。

因为"信赖"，因为"信任"，所以他们丝毫不会怀疑"桥会坠落"。

举个简单易懂的例子，因为我们相信"乘坐的航班会准确无误地飞往目的地""登上开往东京的新干线，自然就能到达东京""明天早上自然可以醒来""吃下去的食物，肠胃自然会进行消化吸收"，所以我们从来不会对此有所怀疑和担心。

这么说来，当你有意识地想起或说出"我相信飞机不会出事"的时候，说明你心中有怀疑、有不安。

回到刚才说到的铁桥的话题，为什么我看到锈迹斑斑的老铁桥会产生恐惧和不安呢？因为我根据以往的知识、经验做出了想当然的推断。具体来说，因为以前我见过、听说过，或者有人教过我"生锈的东西容易断裂""老朽的东西容易突然崩坏"，所以我根据这些"经验"做出了"这座桥很危险"的判断。

以往的经验让我形成了定势思维，坚定不移地相信"生锈的东西容易断裂""老朽的东西容易突然崩坏"，也就是说我心中存在着这样的"信赖"。

这就是我在不丹领悟到的"信赖"对心理、思想及言行的影响。

明白了这一点，大家自然也就明白了当出现所谓"不幸"的事情时，一定是与我们心中与此相关的某种"相信"有关。

我们往往会根据自己过往的经验，对眼前的问题做出自以为是的推断。

因为我们相信"被公司开除是可怜的""患癌症是不幸的"，所以当我们突然面对"丈夫被公司开除""孩子考试不及格""父（母）亲患了癌症"这样的问题时，不假思索地就想到了"不幸"和"可怜"。

但是，人生的很多事，"乍看起来"是不幸的、可怜的，但实际上很多时候会带来新的转机和机遇。

因此，奉劝大家，当我们遇到感觉像是"不得了"的问题时，不要想当然地把它们和"不幸""可怜"联系在一起，而要坚信"这些看似严重的大事情一定会出现转机，带来新的机遇"。

那么，现在，大家就和我一起跨过心中恐惧的"铁桥"吧！

我相信大家一定能勇敢地迈出脚步并顺利通过。

一定"没问题"！

怎么？还是有点害怕？

那么，先停下迟疑的脚步，重新用理智和成熟的思想武装自己吧。

有时候，暂时的停滞并不是"坏事"，而是为了更好地前进。

相信爱的真实存在

前面已经讲过,一个人如果形成了"反正……""一定……"的固执思想,认定自己"没有得到爱",时时处处在这样的思想前提下展开言行的话,势必会影响到他(她)与别人的交往,导致人际关系紧张。

如果我劝他(她)要相信爱的存在,那么或许会有人说:"'爱'又看不见摸不着,你让我怎么相信它的真实'存在'?"

不相信"并非外在"的东西,是因为这些人过于苛求眼见为实,只相信自己眼睛看得见的东西。

但是，我要告诉大家的是，正因为"看不到"，所以才更要相信"没有显露在外"的东西的"存在"。

有人曾给我留下这样一段话。

"相信"这件事，其实非常简单。

到底怎么样做才能相信"并非外在"的东西呢？答案只有一个，"因为'没有显露在外'，所以才可以相信"，记住这一点就好。

举个简单的例子，空气是眼睛"无法看到的"，但空气确确实实"存在"。因为看不到，所以人们无法确认空气是否存在，也有可能"不存在"。但是，我们都生存在世上，这足以证明空气的"存在"，因为人离了空气是无法生存的。

那么，把这里的"空气"换成"爱"，是不是同样成立？

我要告诉大家的是，"爱 = 空气 = 富足的人生"。

"爱"是无形的，但它的确存在。正因为有了"爱"，

我们才能幸福地生活。

无论你是什么样的人,处于什么样的境遇,此时你能呼吸着新鲜的空气,欣赏着窗外的风景,品读着这本书,这就是"爱"的结果啊,虽然这些"爱"是人们用眼睛无法捕捉到的。

用心体会眼前的幸福

一位读过我的书也听过我演讲的读者来信说:"最近,我终于想明白了,也照着心屋老师说的去做了,可是没发现生活有什么变化。"同时,又补充道:"啊,我这可不是否定您的观点和建议。"

我节选一段她的话给大家看看。

我现在的生活,与五六年前相比,并没有任何改变。但是,那时我觉得自己事事不顺、简直就是跌到了人生最低谷,而现在我却觉得"嗯,这样的生活挺美好"。

现在的我,能够带着包容的心态平和地看待自己的缺点,还能做到自我宽慰"嗯,这样的自己也没什么不能接受的""即便这样又有什么大不了的"。在这样的精神状态下,虽然现在的生活有好有坏,但我都能坦然接受,感觉自己挺幸福的。

如今,我终于可以接受真实自然的自己,同时也在努力学着去接受别人的处事方式。虽然现在做得还不够好,但我相信自己很快就能做到。不管怎么说,我相信我的人生一定能如我希望的那样越来越好。

如她所说,生活看似没有任何变化,但是她体味到了"幸福"的感觉。

其实,生活原本就是"幸福"的,只不过我们没有用心去"感受",没有用心去"体会"而已。

"幸福不会向我走来,因为它本来就在我身边!"

说的极端点,即便听了我的讲座,读了我的书,你的现实生活也不会发生任何变化。但是,却能够帮助你调整自己的心态,慢慢感受到生活中点点滴滴的幸福。

哭泣、生气、痛苦、别离,哪怕遭遇背叛和无视,哪怕经济拮据……从某种意义上说，在特定的环境下，这些也可以归为幸福。

就是为了让大家意识到这一点，我才每天在博客上，在著书中，在演讲时，想尽一切方法一遍一遍地强调。

用心体会，一定要用心去体会。

"幸福"就在你身边。

虽然用眼睛"无法看到"，但它的确"存在"。

我深信，这是毋庸置疑的事实。

总结

◎ 不可妄自菲薄,擅自将自己摆在"下位",更不可囿于"下位"思想,妄加揣测他人的言行。

◎ 在生活中要积极主动地感受来自家人的关怀和爱,在"被深爱着"的思想前提下展开自己的言行。

◎ "坦承心声"非常重要。但是,如果一时羞于启口,那么可以想象对方就站在眼前,把想说的说给自己听。记得一定要说出来。

◎ 如果有人"不管自己做的怎么样"都"无理要求父母的认可和关爱",那么就问问他:"如果父母从不表扬你,没能多爱你一些,你能做到认可和爱这样的他们吗?"

◎ 当我们突然面对诸如"丈夫被公司开除""父(母)亲患了癌症"这样的问题时,不可随意和"不幸""可怜"联系起来。人生的很多事,乍看起来是不幸的,但实际上往往蕴含着新的转机。

后记

不想话语伤人,伤人的话却冲口而出;想着和善待人,展示出来的却是粗暴无理的一面。有些道理理智上能接受,却难以体现在行动上;有些事情无意去做,结果还是做了。

这就是真实的自己。

不要因此而责怪自己。

什么?做不到不后悔,不自责?不必焦虑,这也是正常的,这也是你自己真实的一面。

自己有这样那样的不足,可是不知不觉中固执地认为"我是对的,他(她)错了",不理解别人"为什么这么做?""为什么不那样做?"。

认为"自己是正确的",于是理直气壮地指责别人,随心所欲地发火。

而且深以为"我是正确的",当然有指责、发火的资格。

大家都不具备"我"这样的能力。

大家都没有"我"这样的理解力。

可是,这不是靠你一己之力就能扭转的事实。

所以,你就试着接受这一切吧。你如此优秀,如此卓越,应该能做到吧?

话语伤人之后,你意识到自己深陷焦躁的情绪中,发现对方的言行也有其道理,但这时已经无济于事。你骑虎难下,欲罢不能,但已无路可退,也无力圆满地解决问题。

于是,你消极被动地得过且过,同时又厌恶这样的自己。

可是,你"希望得到别人的理解""希望能够产生共鸣",想与对方"分享欢乐""分担痛苦",这样的思想是值得肯定的。

这也体现了你准备接纳"被别人否定"以及"否定别人"的思想观念。

不过,当自己陌生的一面,曾经被自己极力扔弃的一面,自己曾经坚决抗拒的一面出现在眼前时,你恐慌了,想逃离,忍不住发火,控制不住焦躁情绪的蔓延。

事已至此,那就慢慢地理解,慢慢地接受,慢慢地学习吧。

不必认为伤害到别人是不可饶恕的罪恶。

不必焦虑,也不必恐慌。

这是"如今"的你首先要做到的,然后总结经验教训,努力成长为一个全新的真我。

不管何时何事何处,都要记得:"总归,你是被爱包围着的。"

2016 年 9 月

心屋仁之助

心屋仁之助

出生于日本兵库县。性格重塑师，心理理疗师。大学毕业后入职大型物流企业，曾做过销售，后来担任企划部的管理职务。工作十九年后，为解决自身问题接触到了心理疗法，最终转型成为一名心理理疗师。著有《简单习惯让你告别心力交瘁》《轻松打造不服输精神》等多部心理书籍。